Verzahnungsauslegung für Stufenplanetengetriebe

Gear Design for Stepped Planetary Gear Stages

Von der Fakultät für Maschinenwesen
der Rheinisch-Westfälischen Technischen Hochschule Aachen
zur Erlangung des akademischen Grades eines
Doktors der Ingenieurwissenschaften
genehmigte Dissertation

vorgelegt von

Christian Michael Westphal

Berichter/in:

Univ.-Prof. Dr.-Ing. Christian Brecher
Univ.-Prof. Dr.-Ing. Peter Werner Gold

Tag der mündlichen Prüfung: 19. Dezember 2025

Diese Dissertation ist auf den Internetseiten der Universitätsbibliothek online verfügbar.

ERGEBNISSE AUS DER PRODUKTIONSTECHNIK

Christian Westphal

Verzahnungsauslegung für Stufenplanetengetriebe

Herausgeber:
Prof. Dr.-Ing. Dipl.-Wirt. Ing. G. Schuh
Prof. Dr.-Ing. C. Brecher
Prof. Dr.-Ing. R. H. Schmitt

Band 3/2026

WZL | RWTH AACHEN UNIVERSITY

Fraunhofer IPT

Bibliografische Information der Deutschen Nationalbibliothek
Die Deutsche Nationalbibliothek verzeichnet diese Publikation in der Deutschen Nationalbibliografie; detaillierte bibliografische Daten sind im Internet über https://portal.dnb.de abrufbar.

Christian Westphal:

Verzahnungsauslegung für Stufenplanetengetriebe

1. Auflage, 2026

Gedruckt auf holz- und säurefreiem Papier, 100% chlorfrei gebleicht.

Wissenschaftsverlag des Instituts für Industriekommunikation und Fachmedien an der RWTH Aachen
Steinbachstr. 25, 52074 Aachen, Deutschland
Internet: www.apprimus-verlag.de, E-Mail: info@apprimus-verlag.de

Druck: CPI Druckdienstleistungen GmbH
Ferdinand-Jühlke-Straße 7 I 99095 Erfurt I Deutschland

ISBN 978-3-98555-330-3

Vorwort

Preface

Die vorliegende Dissertation entstand während meiner Tätigkeit als wissenschaftlicher Mitarbeiter im Forschungsbereich Getriebetechnik am Lehrstuhl für Werkzeugmaschinen am Werkzeugmaschinenlabor WZL der RWTH Aachen University.

Besonders danke ich Herrn Prof. Dr.-Ing. Christian Brecher, dem Inhaber des Lehrstuhls für Werkzeugmaschinen, für die Betreuung meines Promotionsvorhabens mit anregenden fachlichen Diskussionen und der Förderung meiner Forschungstätigkeiten. Herrn Prof. Dr.-Ing. Peter Werner Gold, dem ehemaligen Leiter des Instituts für Maschinenelemente und Systementwicklung MSE, danke ich herzlich für die umfangreiche Durchsicht und tiefgehende Diskussion meiner Arbeit sowie die Übernahme des Koreferates. Herrn Prof. Dr.-Ing. Christian Hopmann, dem Leiter des Instituts für Kunststoffverarbeitung IKV, danke ich für die Übernahme des Vorsitzes der Promotionskommission.

Die dieser Arbeit zugrunde liegenden Forschungsergebnisse wurden in Projekten der Deutschen Forschungsgemeinschaft DFG und des WZL Getriebekreises erzielt. Ich bedanke mich bei der DFG (Projektnummer 501245855) sowie den Mitgliedern des WZL Getriebekreises für die Finanzierung der entsprechenden Projekte und die Diskussion der Forschungsergebnisse.

Mein persönlicher Dank gilt Herrn Prof. Dr.-Ing. Christian Brecher und Herrn Prof. Dr.-Ing. Thomas Bergs, MBA, Leiter des Manufacturing Technology Institute MTI, für ihre Förderung, das entgegengebrachte Vertrauen sowie die Möglichkeit zur eigenverantwortlichen Gestaltung meiner Führungsaufgaben als Leiter der Abteilung Getriebetechnik am WZL und am MTI der RWTH Aachen. Meinem Vorgänger als Abteilungsleiter und Oberingenieur, Herrn Dr.-Ing. Jens Brimmers, danke ich für die zahlreichen fachlichen Diskussionen zu meiner Arbeit, die persönliche Förderung sowie die frühzeitige Übertragung verantwortungsvoller Aufgaben.

Für die kritische Durchsicht des Manuskripts und die wertvollen Anmerkungen danke ich Herrn Laurenz Roth und Herrn Dr.-Ing. Dieter Mevissen. Den ehemaligen und aktiven Mitarbeitenden der Abteilung Getriebetechnik danke ich für das angenehme, exzellente Forschungsumfeld und die stets vorhandene kollegiale Unterstützung. Die sehr gute Zusammenarbeit innerhalb der Abteilung und insbesondere in der Gruppe Getriebeakustik stellt den Grundstein der wissenschaftlichen Erkenntnisse dieser Arbeit dar. Dem aktuellen sowie ehemaligen Führungsteam, bestehend aus Frau Dr.-Ing. Mareike Davidovic, Herrn Dr.-Ing. Dieter Mevissen, Frau Melina Kamratowski, Herrn Laurenz Roth, Herrn Gerrit Hellenbrand sowie Herrn Dr.-Ing. Lukas Klee danke ich für die engagierte Unterstützung, das hohe Verantwortungsbewusstsein und die stets konstruktive Zusammenarbeit – insbesondere in der finalen Phase der Erstellung der vorliegenden Arbeit.

Bei den Herren Ingmar Emonts, Kevin Broch, Jürgen Krause, Andreas Schumacher, Noah Kohl, Egon Winkler, Rico Gros, Stefan Hentschel, Thomas Jansen, Yannick Rix, Christian May, Jonas Waber, Lothar Emonts und Jörg Meyer bedanke ich mich für die engagierte Unterstützung bei der Herstellung der Prüfstandskomponenten und Verzahnungen sowie beim mechanischen Aufbau und der Inbetriebnahme des Prüfstandes. Herrn Rainer Stephan und Frau Ingrid Gerlofsma (†) danke ich für die Einführung in die Fortran-Programmierung und die spannenden Diskussionen zur Umsetzung der Zahnkontaktanalysen.

Meinen studentischen Mitarbeitern und Abschlussarbeitern danke ich für ihr Engagement und den Beitrag zu dieser Arbeit. Stellvertretend möchte ich Maximilian Stary, Pascal Kruse und Simon Schneiß hervorheben. Insbesondere für den Austausch in der frühen Zeit als wissenschaftlicher Mitarbeiter, die kollegialen Aktivitäten sowie erlebnisreiche Dienstreisen möchte ich mich bei Dr.-Ing. Mubarik Ahmad, Dr.-Ing. Marius Schroers, Dr.-Ing. Julian Theling, Dr.-Ing. Philipp Scholzen, Dr.-Ing. Moritz Zalfen und Marius Willecke bedanken.

Großer Dank gilt meinen Eltern, die meinen Lebensweg durch ihre Erziehung entscheidend geprägt haben. Besonders danke ich meiner Mutter, die mich stets ohne Rücksicht auf eigene Interessen in dem von mir gewählten Weg unterstützt hat. Mein abschließender und größter Dank gilt meiner Frau Franziska – ohne ihren Rückhalt, ihre persönliche Unterstützung und ihren Verzicht wären die Erstellung dieser Arbeit und mein beruflicher Werdegang nicht möglich gewesen.

Breinig, im Januar 2026

Christian Westphal

Kurzzusammenfassung

In der vorliegenden Arbeit wird eine Methode zur Auslegung der Makrogeometrie und topologischer Zahnflankenmodifikationen für Stufenplanetengetriebe entwickelt, welche Auswirkungen von Fertigungs- und Montageabweichungen auf das Einsatzverhalten berücksichtigt. Im ersten Schritt wird eine Berechnungsmethode konzipiert und entwickelt, die die Berechnung von Zahnkontakten in der quasistatischen Zahnkontaktanalyse (ZKA) sowie in der dynamischen Mehrkörpersimulation (MKS) ermöglicht. Zur Integration der Berechnungsmethode in die MKS wird das Kraftelement WZL GearForce6D für die MKS-Software Dassault Systémes Simpack entwickelt, mit dem Zahnkontakte von außen- und innenverzahnten Stirnrädern in beliebigen Getriebesystemen berechnet werden können. Die Berechnungsergebnisse werden mit bestehenden quasistatischen Zahnkontaktanalysen erfolgreich verifiziert.

Im zweiten Schritt wird eine Optimierungsmethode zur einsatzgerechten Auslegung der Makrogeometrie von Stufenplanetengetrieben entwickelt. Dabei werden Montagerestriktionen aufgrund der Kinematik bei der Identifikation geeigneter Zähnezahlkombinationen einbezogen. Die Geometrieberechnung umfasst die individuelle Verzahnungsgeometrie der Eingriffe sowie die möglichen Einbaupositionen der Stufenplaneten. Die Berechnung wird anschließend in eine Optimierung integriert.

Im dritten Schritt erfolgt die Entwicklung einer Optimierungsmethode für topologische Zahnflankenmodifikationen für Stufenplanetengetriebe. In einem MKS-Modell werden Verlagerungen und Belastungen aufgrund von vorgegebenen Achslageabweichungen berechnet. Die anschließende Aggregation der Verlagerungs- und Belastungsdaten reduziert, in Kombination mit der quasistatischen Berechnung einzelner Zahnkontakte, die Berechnungsdauer signifikant. Dies ermöglicht die Variation von topologischen Zahnflankenmodifikationen zur Optimierung des Einsatzverhaltens. Die Definition der topologischen Modifikationen sieht eine konstante Profilgeometrie vor, wodurch eine Fertigung im produktiven Wälzschleifen sichergestellt ist. Mit dem beschriebenen Vorgehen ist eine Optimierung des Einsatzverhaltens von Stufenplanetengetrieben mit Fertigungs- bzw. Montageabweichungen durch die Berücksichtigung der dynamischen Verlagerungen und Belastungen bei der Auslegung der Zahnflankenmodifikationen möglich.

Die Optimierungsmethoden werden im vierten Schritt aufeinander aufbauend für Prüfstandsverzahnungen angewendet. Die Prüfstandsuntersuchungen zeigen, dass das Einsatzverhalten der ausgelegten Verzahnungsgeometrien robust gegenüber dem Einfluss von Achslageabweichungen ist. Die erfolgreiche Validierung des Simulationsmodells auf Grundlage von Tragbildern, der Sonnenwellentrajektorie und des Drehfehlers belegt die Eignung der entwickelten Methoden zur Verzahnungsauslegung von Stufenplanetengetrieben unter Berücksichtigung von Fertigungs- und Montageabweichungen. Die Arbeit leistet somit einen Beitrag zur Reduzierung der Entwicklungszeit und -kosten von Stufenplanetengetrieben, indem aufwendige Prototypen teilweise eingespart werden können.

Abstract

In the present work, a method is developed for the design of the macro geometry and topological tooth flank modifications of stepped planetary gears, which takes into account the effects of manufacturing and assembly deviations on operational behavior. In the first step, a calculation method is developed that enables the calculation of tooth contacts in quasi-static tooth contact analysis (TCA) as well as in dynamic multi-body simulation (MBS). For the integration of the calculation method into MBS, the force element WZL GEARFORCE6D is developed for the MBS software DASSAULT SYSTÈMES SIMPACK, with which tooth contacts of external and internal gears in general gear systems can be calculated. The calculation results are successfully verified with existing quasi-static tooth contact analyses.

In the second step, an optimization method is developed for the application-oriented design of the macro geometry of stepped planetary gears. Assembly restrictions due to kinematics are taken into account when identifying suitable tooth number combinations. The geometry calculation includes the individual gear geometry of the gear pairs as well as the possible installation positions of the stepped planets. The calculation is then integrated into an optimization procedure.

In the third step, an optimization method for topological tooth flank modifications for stepped planetary gears is developed. In an MBS model, displacements and loads resulting from predefined axis position deviations are calculated. The subsequent aggregation of displacement and load data, in combination with the quasi-static calculation of individual gear contacts, significantly reduces computation time. This enables the variation of topological tooth flank modifications for optimizing operational behavior. The definition of the topological modifications provides for a constant profile geometry, thereby ensuring manufacturability through productive generating grinding. With the described approach, it is possible to optimize the operational behavior of stepped planetary gears with manufacturing and assembly deviations by considering dynamic displacements and loads in the design of flank modifications.

In the fourth step, the optimization methods are applied to test rig gears. The test bench investigations show that the operational behavior of the designed gear geometries is robust with respect to the influence of axis position deviations. The successful validation of the simulation model based on contact patterns, the sun gear trajectory and transmission error demonstrates the suitability of the developed methods for gear design of stepped planetary gears under consideration of manufacturing and assembly deviations. Thus, this work contributes to reducing the development time and costs of stepped planetary gears by partially eliminating the need for prototypes.

Inhaltsverzeichnis

Content

Formelzeichen und Abkürzungsverzeichnis

Formula Symbols and Abbreviations

Buchstaben

a	mm	Achsabstand
c	-	Kopfspielfaktor
$d_{a,j}$	mm	Kopfkreisdurchmesser Zahnrad j
$d_{f,j}$	mm	Fußkreisdurchmesser Zahnrad j
$d_{f,G,j}$	mm	Fußkreisdurchmesser Gegenrad zu Zahnrad j
d_j	mm	Teilkreisdurchmesser Zahnrad j
f	-	Gesamtbewertung
f_j	N	Kraft an Punkt j
$f_{HP2,i,j}$	N	Kraft an Berührpunkt j im i-ten Planet 2-Hohlrad Eingriff
$f_{SP1,i,j}$	N	Kraft an Berührpunkt j im i-ten Sonne-Planet 1 Eingriff
F_t	N	Tangentialkraft
$F_{HP2,i}$	N	Drehmomenterzeugende Kraft im i-ten Planet 2-Hohlrad Eingriff
$F_{N,i}$	N	Normalkraft am Kontaktpunkt i
$F_{R,i}$	N	Reibkraft am Kontaktpunkt i
$F_{SP1,i}$	N	Drehmomenterzeugende Kraft im i-ten Sonne-Planet 1 Eingriff
g	-	Ganze Zahl
g^*	-	Anzahl Teilungen Rotation
gr	-	Note
$gr_{k,OP}$	-	Note der Kenngröße k für Betriebspunkt OP
$h_{aP0,j}$	mm	Kopfhöhe Werkzeug-Bezugsprofil Zahnrad j
H	-	Geometriefunktion
i_0	-	Standübersetzung
$i_{1,v}$	-	Übersetzung Stufe 1 Variante v
$i_{1,soll}$	-	Soll-Übersetzung Stufe 1
i_{SC}	-	Übersetzung Sonne-Träger
i_{SP}	-	Übersetzung Sonne-Planet 1

$l_{H,i,M}$	-	Montagelücke am Hohlrad für Stufenplanet i
$l_{S,i,M}$	-	Montagelücke der Sonne für Stufenplanet i
m_n	mm	Normalmodul
$m_{n,i}$	mm	Normalmodul Stufe i
$m_{n.i,soll}$	mm	Soll-Normalmodul Stufe i
$m_{n,j}$	mm	Normalmodul Zahnrad j
$m_{n,th,i,v}$	mm	Theoretischer Normalmodul Stufe i Variante v
n_k	-	Anzahl Kenngrößen
n_p	-	Anzahl Stufenplaneten
$n_{x/y/z}$	-	Richtungsanteile Normalenvektor n
$n_{BP,i}$	-	Anzahl Berührpunkte im i-ten Eingriff
n_C	min^{-1}	Drehzahl Träger
n_{OP}	-	Anzahl Betriebspunkte
n_{P1}	min^{-1}	Drehzahl Planet 1
n_S	min^{-1}	Drehzahl Sonne
$O_{z,Si}$	-	Zahneingriffsordnung Stufe i
$p_{x/y/z}$	mm	Koordinaten Punkt p
$p_{\varphi/r/z}$	rad, mm, mm	Koordinaten Punkt p in zylindrischem Koordinatensystem
p_{Hi}	MPa	Pressung am Kontaktpunkt i
$p_{Hi,g}$	-	Anzahl Teilungen im Hohlrad Eingriff von Planet i
$P_{V,i}$	W	Verlustleistung am Kontaktpunkt i
r_b	mm	Grundkreisradius
Ra	µm	Mittenrauwert
s	mm	Seitenversatz
s	µm	Starrkörperverschiebung im Eingriff
s_i	µm	Starrkörperverschiebung an Punkt i
s_i	%	Spezifisches Gleiten an Rad 1 am Kontaktpunkt i
$s_{SP1,i}$	µm	Starrkörperverschiebung am i-ten Sonne-Planet 1 Eingriff
$S_{at,j}$	mm	Stirnzahndicke am Kopfkreisdurchmesser Zahnrad j
T_S	Nmm	Drehmoment an der Sonne

v	-	Wert
v_1	-	Grenzwert Note 1
v_6	-	Grenzwert Note 6
$v_{g,i}$	m/s	Gleitgeschwindigkeit am Kontaktpunkt i
$v_{x/y/z,j,i}$	m/s	Geschwindigkeit in x/y/z-Richtung an Kontaktpunkt i des Zahnrads j
$v_{\Sigma,i}$	m/s	Summengeschwindigkeit am Kontaktpunkt i
$w_{k,OP}$	-	Gewichtung der Kenngröße k für Betriebspunkt OP
x_i	-	Profilverschiebungsfaktor Zahnrad i
$x_{E,j}$	-	Erzeugungs-Profilverschiebungsfaktor Zahnrad j
X_L	-	Schmierstofffaktor nach [SCHL95]
X_{OS}	-	Oberflächenstrukturfaktor nach [DOLE03]
y_1	-	Variable 1
y_2	-	Variable 2
z_i	-	Zähnezahl Zahnrad i
z_j	-	Zähnezahl Zahnrad j
$z_{j,G}$	-	Zähnezahl Gegenrad zu Zahnrad j
z_H	-	Zähnezahl Hohlrad
z_{P1}	-	Zähnezahl Planet 1
$z_{P1,i,M}$	-	Montagezahn Planet 1 an Stufenplanet i
$z_{P1,v}$	-	Zähnezahl Planet 1 Variante v
z_{P2}	-	Zähnezahl Planet 2
$z_{P2,i,M}$	-	Montagezahn Planet 2 an Stufenplanet i
z_S	-	Zähnezahl Sonne
$z_{S,v}$	-	Zähnezahl Sonne Variante v

Griechische Buchstaben

α, β, γ	rad	Rotationswinkel
$\alpha_{i,j}$	µm/N	Verschiebungseinflusszahl an Punkt i aufgrund einer Last an Punkt j
$\alpha_{n,i}$	°	Normaleingriffswinkel Stufe i
$\alpha_{n,j}$	°	Normaleingriffswinkel Zahnrad j
$\alpha_{t,i}$	°	Stirneingriffswinkel Stufe i
$\alpha_{t,j}$	°	Stirneingriffswinkel Zahnrad j
$\alpha_{wt,i}$	°	Betriebseingriffswinkel der Stufe i
$\alpha_{SP1,i,j,k}$	µm/N	Verschiebungseinflusszahl im i-ten Sonne-Planet 1 Eingriff an Punkt j aufgrund einer Last an Punkt k
β	°	Schrägungswinkel
β_b	rad	Grundkreisschrägungswinkel
β_i	°	Schrägungswinkel Stufe i
β_j	°	Schrägungswinkel Zahnrad j
δ_i	µm	Kontaktabstand an Punkt i
$\delta_{SP1,i,j}$	µm	Kontaktabstand an Punkt j im i-ten Sonne-Planet 1 Eingriff
Δ_i	µm	Durchdringung an Punkt i
$\Delta m_{n,i}$	mm	Anpassung Normalmodul Stufe i
Δp_{Hi}	-	Teilungsversatz Eingriff Hohlrad Stufenplanet i
Δp_{Si}	-	Teilungsversatz Eingriff Sonne Stufenplanet i
θ_E	rad	Rotationswinkel Eingriff
$\eta_{Öl}$	mPas	Ölbetriebsviskosität bei Umgebungsdruck
$\rho_{aP0,j}$	mm	Kopfabrundung Werkzeug-Bezugsprofil Zahnrad j
$\rho_{ers,i}$	mm	Ersatzkrümmungsradius am Kontaktpunkt i
$\rho_{j,i}$	mm	Krümmungsradius am Kontaktpunkt i an Rad j
φ	rad	Drehwinkel
φ_{Pi}	rad	Drehwinkel zur Montage des Stufenplaneten i
$\varphi_{Pi,\Delta pH}$	rad	Drehwinkel Planet i aufgrund Teilungsversatz Hohlrad
$\varphi_{Pi,\Delta pS}$	rad	Drehwinkel Planet i aufgrund Teilungsversatz Sonne

$\varphi_{Steg,i}$	rad	Stegwinkel Stufenplanet i
$\varphi_{\alpha,2}$	rad	Neigung Rad 2
$\varphi_{\beta,2}$	rad	Schränkung Rad 2
$\varphi_{\gamma,1}$	rad	Rotation Hauptachse Rad 1
$\varphi_{\gamma,2}$	rad	Rotation Hauptachse Rad 2
μ_i	-	Reibkoeffizient am Kontaktpunkt i
$\sum x_i$	-	Summe der Profilverschiebungsfaktoren Stufe i
$\sum z$	-	Zähnezahlsumme
$\sum z_i$	-	Zähnezahlsumme Stufe i
$\sum z_{i,v}$	-	Zähnezahlsumme Stufe i Variante v

Matrizen und Vektoren

$\boldsymbol{d}_{12}^{1}$	Vektor von Punkt 1 zu Punkt 2 in KOS 1
$\boldsymbol{R}_{1\rightarrow 2}$	Allgemeine Rotationsmatrix von KOS 1 zu 2
$\boldsymbol{R}_{1\rightarrow 2}^{(\alpha)}(\alpha)$	Rotationsmatrix um x mit Winkel α
$\boldsymbol{T}_{1\rightarrow 2}$	Homogene Transformationsmatrix von KOS 1 zu 2
$\boldsymbol{p}^{i}$	Ortsvektor Punkt p in KOS i
$\boldsymbol{n}^{i}$	Normalenvektor n in KOS i

Indizes

v	Variante
v^*	Optimale Variante
H	Hohlrad
P	Planet
$P1$	Planet 1
$P2$	Planet 2
$P2H$	Eingriff Planet 2 - Hohlrad
S	Sonne
$SP1$	Eingriff Sonne - Planet 1
$Soll$	Sollwert

Abkürzungen

DF	Drehfehler
DFG	Deutsche Forschungsgemeinschaft
DIN	Deutsches Institut für Normung
FEM	Finite-Elemente-Methode
GF6D	GEARFORCE6D
ISO	Internationale Organisation für Normung
KOS	Koordinatensystem
LHC	Latin-Hypercube Sampling
MKS	Mehrkörpersimulation
RMSE	Root mean square error
ZKA	Zahnkontaktanalyse
WZL	Werkzeugmaschinenlabor der RWTH Aachen

1 Einleitung

Die Elektrifizierung des automobilen Antriebsstrangs erfordert Getriebekonzepte, die sowohl an die höheren Nenndrehzahlen elektrischer Maschinen als auch an den im Vergleich zu konventionellen Verbrennungsmotoren geringeren Bedarf an schaltbaren Übersetzungsstufen angepasst sind. Mit dem Wegfall des maskierenden Verbrennungsmotorgeräuschs tritt das Geräuschverhalten des Getriebes stärker in den Vordergrund. Parallel dazu steigt die Bedeutung eines hohen Wirkungsgrads, da die Energieeffizienz direkt die Reichweite von Elektrofahrzeugen beeinflusst. Gleichzeitig sind kompakte und leichte Bauweisen gefordert, um Bauraum- und Gewichtsvorgaben einzuhalten und so die Gesamtfahrzeugperformance zu optimieren. Stufenplanetengetriebe kombinieren eine koaxiale Bauweise mit einer hohen Leistungsdichte und ermöglichen höhere Gesamtübersetzungen als einfache Planetengetriebe.

Fertigungs- und Montageabweichungen an den Lagerstellen des Planetenträgers können zu Verlagerungen der Stufenplanetenwellen oder des Trägers führen. In Verbindung mit der Kinematik entstehen zeitvariante Achslageabweichungen, die das Einsatzverhalten beeinflussen und bei der Verzahnungsauslegung berücksichtigt werden müssen. Zur Auslegung von Verzahnungen werden verbreitet quasistatische Zahnkontaktanalysen eingesetzt. In Kombination mit Fertigungssimulationen ermöglichen FE-basierte Methoden die Berücksichtigung der tatsächlichen Verzahnungsgeometrie. Mit der zunehmenden Integration von Getriebestufen in Gesamtsysteme rückt die Betrachtung von Wechselwirkungen in den Fokus. Dynamische Mehrkörpersimulationen können diese Interaktionen abbilden, verwenden jedoch typischerweise vereinfachte Zahnkontaktmodelle. Zur Optimierung der Kontaktverhältnisse werden Zahnflankenmodifikationen eingesetzt, wobei topologische Modifikationen aufgrund ihrer hohen Gestaltungsfreiheit das größte Potenzial bieten. Eine Methode zur Auslegung dieser Modifikationen unter Einbeziehung dynamischer Verlagerungen existiert bislang nicht.

In dieser Arbeit wird eine Berechnungsmethode für Zahnkontakte entwickelt, die sowohl in der quasistatischen Zahnkontaktanalyse als auch in der dynamischen Mehrkörpersimulation eingesetzt werden kann. Die Methode bildet die Grundlage für die Auslegung der Makrogeometrie von Stufenplanetengetrieben unter Berücksichtigung von Montagerestriktionen. Die Methode zur Zahnkontaktberechnung wird in Form des Kraftelements WZL GEARFORCE6D in die MKS-Software DASSAULT SYSTÈMES SIMPACK integriert. Bei der Auslegung der Zahnflankenmodifikationen werden Achslageabweichungen aus Fertigungs- bzw. Montageabweichungen systematisch berücksichtigt. Die Auslegungsmethoden werden für eine Prüfstandsverzahnung angewendet. Mit den Prüfstandsuntersuchungen wird das Anregungs- und Verlagerungsverhalten von Stufenplanetengetrieben analysiert. Die Zahnkontaktberechnung in der dynamischen Mehrkörpersimulation wird mit einem Abgleich der Kontaktbedingungen in Form von Tragbildern und einem Abgleich der Sonnenwellentrajektorie erfolgreich validiert.

Introduction

The electrification of the automotive powertrain requires transmission concepts adapted both to the higher nominal speeds of electric machines and to the reduced need for shiftable gear ratios compared to conventional internal combustion engines. With the elimination of the masking engine noise, acoustic behavior becomes a more prominent design consideration. At the same time, the importance of high efficiency increases, as energy efficiency directly affects the driving range of electric vehicles. Furthermore, compact and lightweight designs are essential to meet packaging and weight constraints, thereby optimizing overall vehicle performance. Stepped planetary gear stages combine coaxial design with high power density and enable higher overall gear ratios than single-stage planetary gearsets.

Manufacturing and assembly deviations at the planet carrier bearing locations can lead to displacements of the stepped planet shafts or the carrier itself. Combined with the kinematic conditions, this results in time-varying axis misalignments that influence operational behavior and must be considered during gear design. Quasi-static tooth contact analysis is commonly used for gear design. In combination with manufacturing simulations, FE-based methods allow the actual gear geometry to be taken into account. With the increasing integration of gear stages into complete systems, the investigation of system interactions is gaining importance. Dynamic multibody simulations can represent these interactions, but typically use simplified tooth contact models. To optimize contact conditions, flank modifications are applied, with topological modifications offering the greatest potential due to their high design flexibility. However, no method currently exists for designing such modifications while incorporating dynamic misalignments.

In this work, a gear contact calculation method is developed that can be applied both in quasi-static tooth contact analysis and in dynamic multibody simulation. The method forms the basis for the macro-geometry design of compound planetary gearsets under assembly constraints. The gear contact calculation is implemented in the form of the force element *WZL GearForce6D* within the Dassault Systèmes Simpack multibody simulation software. In the design of tooth flank modifications, axis misalignments resulting from manufacturing and assembly deviations are systematically taken into account. The design methods are applied to a test rig gearset. Test rig measurements are used to analyze the excitation and displacement behavior of stepped planetary gear stages. The gear contact calculation in the dynamic multibody simulation is successfully validated through comparison of the simulated contact conditions with experimental contact patterns and by correlating the simulated sun gear shaft trajectory with measurements.

2 Stand der Technik in Forschung und Industrie

State of the Art in Research and Industry

Neuartige Antriebstrangkonzepte für elektrisch angetriebene Fahrzeuge begründen den Bedarf nach neuen Getriebetopologien. Die Verzahnungsauslegung für moderne Leistungsgetriebe ist aufgrund der hohen Anforderungen an das Anregungsverhalten und die Leistungsdichte nur mit höherwertigen Berechnungsmethoden kosteneffizient realisierbar. In diesem Kapitel wird der Stand der Technik zur Auslegung von Verzahnungsgeometrien dargelegt. In Kapitel 2.1 wird zunächst ein Überblick zur Auslegung der Makro- und Mikrogeometrie der Verzahnungen gegeben, wobei auch die auftretenden Zielkonflikte erläutert werden. Anschließend werden in Kapitel 2.2 die zur Verzahnungsauslegung einsetzbaren Berechnungsmethoden und Optimierungsalgorithmen betrachtet. Stufenplanetengetriebe stellen aufgrund von Montagerestriktionen und der kinematischen Überbestimmtheit eine besondere Herausforderung in der Auslegung dar, weswegen abschließend in Kapitel 2.3 der Aufbau und das Einsatzverhalten von Stufenplanetengetrieben erläutert werden.

2.1 Verzahnungsauslegung

Gear Design

Die bedarfsgerechte Auslegung von Getriebesystemen erfordert konsekutive Schritte mit zunehmender Detailtiefe. Die Auslegung der Verzahnung in Form der Makro- und Mikrogeometrie hat zusammen mit dem Welle-Lager-System einen entscheidenden Einfluss auf die resultierende Produktqualität und -lebensdauer. Ein Überblick der Schritte der Getriebeauslegung ist in **Bild 2-1** dargestellt.

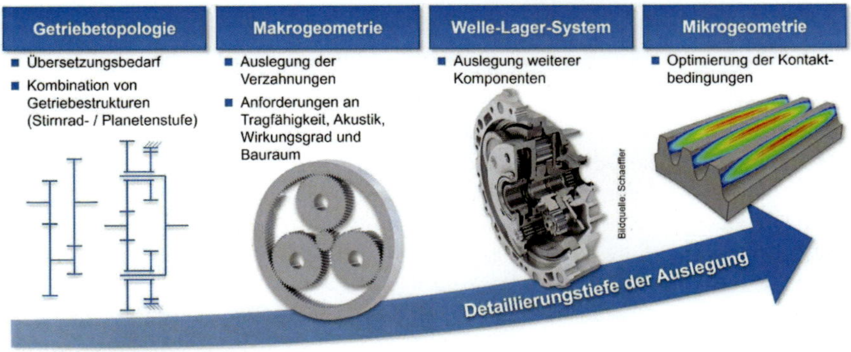

Bild 2-1: Schritte der Getriebeauslegung nach [KLOC17 S. 79]
Process of Gearbox Design

Zunächst wird die Getriebetopologie aus dem Übersetzungsbedarf und dem verfügbaren Bauraum abgeleitet. Anschließend wird die Makrogeometrie ausgelegt, sodass die

Anforderungen an das Einsatzverhalten, genauer das Anregungsverhalten, die Tragfähigkeit und den Wirkungsgrad, erfüllt werden können. Mit der Auslegung des Welle-Lager-Systems folgt die Detaillierung des Gesamtsystems bis hin zum Getriebegehäuse. Dieser Schritt ist zwingend vor der Auslegung der Mikrogeometrie notwendig, sodass lastbedingte Verlagerungen der Zahnräder bei der Mikrogeometrieauslegung berücksichtigt werden können. Mit der Mikrogeometrie werden die Kontaktbedingungen in den Zahneingriffen und das Einsatzverhalten des Getriebesystems optimiert. [KLOC17 S. 79–80]

2.1.1 Auslegungsziele

Design Objectives

Das maßgebliche Ziel der Getriebeauslegung ist die Einhaltung der geforderten Vorgaben des Pflichtenhefts. Allgemein betrachtet soll ein applikationsabhängig optimales Einsatzverhalten bei minimalem Gewicht, einfacher Herstellbarkeit und minimalen Kosten erzielt werden. Das Einsatzverhalten von Getrieben wird maßgeblich von den leistungsübertragenden Zahnrädern beeinflusst. Eine Unterteilung des Einsatzverhaltens kann in das Anregungsverhalten, die Tragfähigkeit und den Wirkungsgrad erfolgen. Diese qualitativen Merkmale stehen sowohl untereinander als auch mit ökonomischen Zielen in einem Zielkonflikt [KLOC17 S. 89]. In der Serienfertigung ist zudem die Robustheit der Auslegung gegenüber Fertigungs- und Montageabweichungen, die einer statistischen Streuung unterliegen, von besonderer Bedeutung. Im Folgenden werden die einzelnen Auslegungsziele detailliert dargestellt.

Anregungsverhalten

Bei elektrisch angetriebenen Fahrzeugen entfällt der maskierende Geräuschanteil des Verbrennungsmotors und die Getriebegeräusche treten dominanter hervor. Eine Unterteilung des Getriebegeräusches kann nach der entsprechenden Ursache in Heulen/Pfeifen, Klappern/Rasseln, Schaltgeräusche und Lagergeräusche vorgenommen werden [RYBO03 S. 2]. Der Ursprung des für moderne Fahrzeuggetriebe relevantesten Effekts des Heulens bzw. Pfeifens liegt in den belasteten Zahnkontakten [NAUN07 S. 266]. Die Geräuschentstehungskette beschreibt die Übertragung der inneren Anregung aus dem Zahnkontakt über die schwingungsfähigen Strukturbauteile in Form des Körperschalls bis hin zu schallabstrahlenden Bauteiloberflächen und somit dem Luftschall [HOHL02 S. 7]. Die inneren Anregungseffekte im Zahnkontakt sind die steifigkeitsbedingte Parameteranregung, die geometriebedingte Weganregung und die Stoßanregung. Zusätzliche Anregungen des Gesamtsystems aus dem Zahnkontakt stellen die Reibkraftanregung und die Kippmomentanregung bei Schrägverzahnungen dar.

Die Weganregung tritt im Unterschied zur Parameter- und Stoßanregung bereits im lastfreien Betrieb auf und stellt bei geringen Drehmomenten den hauptsächlichen Anregungseffekt im Zahneingriff dar [KLOC17 S. 472]. Eine abweichungsfreie evolventische Verzahnungspaarung weist entsprechend des Verzahnungsgesetzes eine gleichförmige Drehübertragung auf. Sobald geometrische Abweichungen von der Evolvente aufgrund von Fertigungsabweichungen oder Zahnflankenmodifikationen vorhanden sind, entsteht eine Drehungleichförmigkeit und somit eine Schwingungsanregung [SALJ87 S. 9]. Der Effekt der Weganregung ist für ein vereinfachtes Zahnkontaktmodell in **Bild 2-2** links dargestellt. Die Berührlinie im Zahneingriff wandert am treibenden Ritzel vom Zahnfuß zum -kopf und entsprechend am getriebenen Rad vom Zahnkopf zum -fuß. Während des Abwälzens resultieren Abweichungen der Zahnflankentopografie von der idealen Evolvente in einer Drehungleichförmigkeit, die auch in Form des Drehfehlers beschrieben werden kann. Der lastfreie Drehfehler aufgrund der Weganregung ist für eine beispielhafte Geradverzahnung mit einer aufgebrachten Profilballigkeit in Bild 2-2 links oben dargestellt. Zusätzlich zu geometrischen Abweichungen der Zahnflanken können lastbedingte Verlagerungen der Zahnräder aufgrund von Wellenbiegungen oder Gehäusedeformationen zu abweichenden Kontaktabständen und auf diese Weise zu einer Veränderung der Weganregung führen.

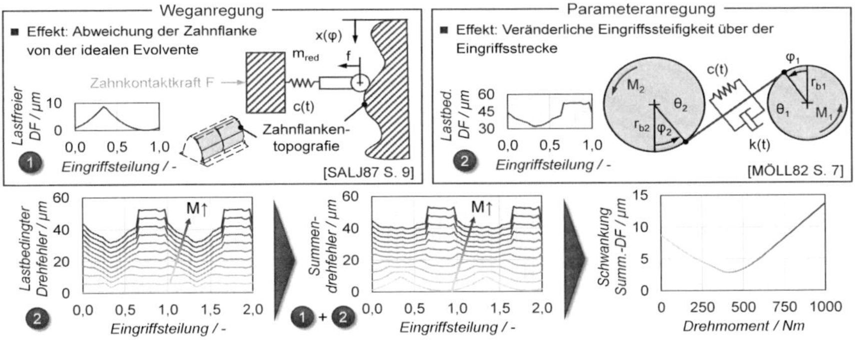

Bild 2-2: Anregungseffekte im Zahneingriff
Excitation Effects in the Gear Mesh

Mit zunehmendem Drehmoment wird der Einfluss der Weganregung geringer und die Parameteranregung ist maßgeblich für die Schwingungsanregung verantwortlich [SALJ87 S. 26]. Die Parameteranregung beschreibt den Effekt der veränderlichen Eingriffssteifigkeit über der Eingriffsstrecke. Einerseits variiert bei einer nicht-ganzzahligen Gesamtüberdeckung ε_γ während des Abwälzens die Anzahl der in Kontakt stehenden Zahnpaare und andererseits ist die Zahnsteifigkeit eines einzelnen Zahnpaares aufgrund der veränderlichen Lage des Berührpunktes in Profilrichtung nicht konstant [MÖLL82 S. 10–14]. Eine idealisierte Modellvorstellung der Parameteranregung ist in Bild 2-2 rechts oben dargestellt. Die für ein Drehmoment resultierende Drehungleichförmigkeit aufgrund der Parameteranregung kann, unter der Voraussetzung, dass keine Stoßanregung vorliegt, in Form des lastbedingten Drehfehlers beschrieben werden. In Bild 2-2 rechts oben ist für eine beispielhafte Geradverzahnung der lastbedingte Fehler über einer Eingriffsteilung dargestellt. Der Wechsel zwischen Doppel- und Einzeleingriffsgebiet bei einer Eingriffsteilung von p = 0,65 ist deutlich erkennbar.

Während die Eingriffssteifigkeit im Doppeleingriffsgebiet ($p < 0{,}65$) höher und der lastbedingte Drehfehler somit niedriger ist, steigt der Drehfehler im Einzeleingriffsgebiet ($p > 0{,}65$) signifikant an.

In Bild 2-2 unten links ist der lastbedingte Drehfehler für mehrere Drehmomente dargestellt. Mit zunehmendem Drehmoment steigt der lastbedingte Drehfehler aufgrund der annäherungsweise gleichbleibenden Verzahnungssteifigkeit an. Für geringe Drehmomente ist das Einzeleingriffsgebiet deutlicher ausgeprägt, da die Kontaktabstände aufgrund der Profilballigkeit zu einer Abnahme der Überdeckung führen. An diesem Beispiel wird deutlich, dass die Zahnflankentopografie auch einen Einfluss auf die Steifigkeit des Zahnkontaktes hat, eine Isolation der Anregungseffekte nicht vollständig möglich ist und eine gegenseitige Beeinflussung besteht.

Werden die lastfreien und lastbedingten Drehfehleranteile zum Summendrehfehler addiert, wird die Zusammensetzung des Anregungsverhaltens deutlich, siehe Bild 2-2 unten mittig. Zunächst wird die Schwankungsbreite des Summendrehfehlers, die als Maß für die Anregung im Zahneingriff gilt, für geringe Drehmoment im Vergleich zum lastbedingten Drehfehler erhöht. Mit zunehmendem Drehmoment erfolgt ein phasenabhängiger Ausgleich der Anregungsanteile, sodass die Schwankungsbreite reduziert wird. Für höhere Drehmomente überwiegt die Schwankung des lastbedingten Drehfehlers und somit die Parameteranregung. Wird nur die Schwankungsbreite des Summendrehfehlers über dem Drehmoment betrachtet, wird deutlich, dass das Anregungsminimum durch die Beeinflussung der Weganregung mit Zahnflankenmodifikationen zu einem spezifischen Drehmoment verschoben werden kann. MOHAMAD ET AL. zeigen, dass für eine lastabhängige Gesamtüberdeckung von $\varepsilon_\gamma = 1{,}67$ die Schwankungsbreite des Summendrehfehlers bei Schrägverzahnungen minimal wird [MOHA09 S. 7]. GERARDS bestätigt dies zusätzlich für Kegelräder und weist simulativ ein zweites Minimum bei einer Gesamtüberdeckung unter Last von $\varepsilon_\gamma = 2{,}87$ nach [GERA19 S. 80].

Ein unbelastetes, geometrisch ideales Zahnrad mit Evolventenprofil erfüllt beim Abwälzen zu jeder Wälzstellung das Verzahnungsgesetz, wonach eine konstante Übersetzung einer Drehbewegung mittels Zahnflanken gegeben ist, wenn die Kontaktnormale für jede Wälzstellung durch den Wälzpunkt C verläuft [KLOC17 S. 12–13]. Werden die Zahnräder belastet, resultiert eine Biegung der in Kontakt stehenden Zähne. Tritt beim Abwälzen aufgrund eines Eingriffswechsels ein neues Zahnpaar in Kontakt, ist dieses zunächst unverformt. Relativ zu den belasteten Zähnen, die bereits in Kontakt sind, steht das unbelastete Zahnpaar vor und würde sich theoretisch durchdringen [TESC69 S. 22–23]. Diese theoretische Durchdringung resultiert in der Realität in einem stoßartigen Aufeinandertreffen der Zähne und einer Verschiebung des Kontaktpunktes in Richtung Zahnkopf am treibenden Ritzel [TESC69 S. 23–24]. Die entstehende Anregung wird Stoßanregung genannt und ist generell mit einer geeigneten Auslegung von Zahnflankenmodifikationen zu vermeiden, da Lastüberhöhungen im Zahnkontakt auftreten, die die Lebensdauer beeinflussen können [NIEM03 S. 98].

Tragfähigkeit

Ein notwendiges Ziel der Verzahnungsauslegung ist eine ausreichende Tragfähigkeit der Verzahnungen. Die aufgrund einer unzureichenden Tragfähigkeit auftretenden Schadensformen können anhand des Entstehungsortes in Zahnflanken- und Zahnfußschäden eingegliedert werden. Nach ISO 10825-1 können im Bereich der Zahnflanke u.a. Grübchen, Graufleckigkeit, Fressen, Abrasivverschleiß und Zahnflankenbruch auftreten, während im Zahnfußbereich zwischen einem Dauer- und einem Gewaltbruch des Zahnfußes unterschieden wird [ISO22]. Zahnflankenschäden sind mit Ausnahme des Zahnflankenbruchs Ermüdungsschäden, die nicht zu einem direkten Totalausfall des Getriebes führen, sondern zunächst zu einer Geräuschzunahme oder Erwärmung führen. Hingegen resultiert ein Zahnfuß- oder ein Zahnflankenbruch in einem Ausfall des Getriebes, sodass diese Schadensarten bei der Auslegung besonders berücksichtigt werden müssen. [KLOC17 S. 365]

Die Tragfähigkeit einer Verzahnung resultiert aus dem Verhältnis der Belastung zur Belastbarkeit. Die Einflussgrößen auf die Belastbarkeit sind der Werkstoff, der Schmierstoff, die Oberflächenbeschaffenheit und die Randzoneneigenschaften [ISO19b S. 9–11, ISO19a S. 11]. In der Auslegung werden die Zahnflankenpressung und die Zahnfußspannung als Kennwerte der Belastung zur Bewertung der Tragfähigkeit herangezogen [SCHÄ08 S. 45].

Wirkungsgrad

Die Verlustleistung eines Getriebes setzt sich aus Verzahnungsverlusten, Lagerverlusten, Dichtungsverlusten und sonstigen Verlusten zusammen. Die Verzahnungs- und Lagerverluste können wiederum in lastunabhängige und lastabhängige Anteile aufgeteilt werden. Wird die Verlustleistung ins Verhältnis zur Antriebsleistung gesetzt, resultiert der Getriebeverlustgrad V. [LINK22 S. 330]

Die lastbedingten Verzahnungsverluste stellen den größten Anteil der Getriebeverluste dar, sodass diese bei der Auslegung detailliert berücksichtigt werden müssen. Die Einflussgrößen auf die lastbedingten Verzahnungsverluste sind die Normalkraft, der Reibkoeffizient und die Gleitgeschwindigkeit. Da diese Größen während des Abwälzens im Zahneingriff variieren, muss eine lokal auf der Zahnflanke aufgelöste Berechnung der Verluste erfolgen. In der Auslegung können die Gleitgeschwindigkeit und die Lastverteilung auf der Zahnflanke mit Geometriegrößen beeinflusst werden, sodass der Wirkungsgrad optimiert werden kann. [WIMM06 S. 18–19]

Kosten

Die Wirtschaftlichkeit der Verzahnungsherstellung ist insbesondere für die Serienfertigung von großer Bedeutung. Ein Einflussfaktor ist beispielsweise die Anwendbarkeit produktiver Fertigungsprozesse [KLOC17 S. 89]. Zu den produktivsten Fertigungsverfahren zählen das Wälzfräsen im Bereich der Weichbearbeitung und das Wälzschleifen zur Hartfeinbearbeitung der Zahnflanken [KLOC17 S. 160]. Beim Wälzschleifen hat der Prozessschritt des Abrichtens einen signifikanten Einfluss auf die Gesamtprozessdauer und somit die Kosten. Weit verbreitet ist der Einsatz von Profilrollen, die sowohl am Werkzeugkopf als auch an der Werkzeugflanke diamantbesetzte Flächen aufweisen, die die Produktivität des Abrichtens im Vergleich zu Formrollen erhöhen. Demgegenüber steht die geringere Flexibilität der Abrichtmethode, da bei Profilrollen das Profil der Schleifscheibe nicht derart flexibel abgerichtet werden kann, wie dies bei Formrollen mit ausschließlich einer diamantbesetzten Werkzeugkopfrundung möglich ist [KLOC17 S. 234]. Für Innenverzahnungen und Außenverzahnungen mit Störkonturen ist das Wälzschälen ein produktives Fertigungsverfahren, dessen Verbreitung in den letzten Jahren zugenommen hat [LINK22 S. 569].

Robustheit

Der Detailgrad der für die Auslegung getroffenen Annahmen und Randbedingungen nimmt mit der fortschreitenden Produktentstehung zu. Die erste Auslegung der Makrogeometrie erfolgt meist ohne Berücksichtigung von Fertigungsabweichungen oder lastbedingten Verlagerungen. Mit zunehmendem Detaillierungsgrad der Auslegung werden auch stochastische Einflüsse wie fertigungsbedingte Geometrieabweichungen der Zahnflanken und deren Einflüsse auf die Auslegungsziele relevant [HELL15 S. 79]. Wird das Getriebesystem betrachtet, sind zusätzlich lastbedingte Verlagerungen des Gehäuses und der Wellen zu berücksichtigen, sodass eine Robustheit gegenüber lastbedingten Verlagerungen der Zahnräder erreicht werden kann. Schließlich können fertigungsbedingte, stochastische Positionsabweichungen der Funktionsflächen an Wellen oder im Gehäuse zu fertigungsbedingten Verlagerungen der Zahnräder und somit einem veränderten Einsatzverhalten führen [ROTH22 S. 305].

2.1.2 Auslegung der Makrogeometrie

Macro Geometry Design

Die geometrische Form einer Stirnradpaarung wird mit der Auslegung der Makrogeometrie weitgehend festgelegt. Die erforderlichen funktionalen Eigenschaften, wie die Anforderungen an das Anregungsverhalten, die Tragfähigkeit und den Wirkungsgrad, müssen bei der Auslegung beachtet werden. Die Makrogeometrie von Evolventenverzahnungen ist nach der Norm DIN ISO 21771 unter Angabe der Zähnezahl z, des Bezugsprofils, des Normalmoduls m_n, des Schrägungswinkels β, des Profilverschiebungsfaktors x, des Kopfkreisdurchmessers d_a und der Zahnbreite b eindeutig definiert [ISO14 S. 19]. Zur Auslegung dieser Größen wurden verschiedene Vorgehensweisen und Methoden entwickelt, wovon ausgewählte im Folgenden vorgestellt und diskutiert werden.

Die Tragfähigkeit als notwendige Zielgröße der Auslegung war Ausgangspunkt einer Auslegungsmethode für Schaltgetriebe konventionell angetriebener Fahrzeuge nach Naunheimer [NAUN07 S. 248–251]. Einen ähnlichen Ansatz verfolgten Linke und Börner, wobei die von ihnen vorgeschlagenen Annahmen für Berechnungsfaktoren nicht auf Fahrzeuggetriebe beschränkt sind [NAUN07 S. 420–423]. Die Grundlage beider Methoden stellt die Normtragfähigkeitsberechnung nach DIN 3990 dar [NORM87]. Die Aufteilung der Profilverschiebungssumme auf die Verzahnungen wurde in diesen Methoden nicht betrachtet, sodass anschließend allgemeine analytische Ansätze in Anlehnung an DIN 3992 angewendet wurden [DIN64]. Zur Reduzierung der Zahnflankenpressung wurde eine positive Profilverschiebung aufgrund der größeren Krümmungsradien vorgeschlagen [LINK22 S. 423]. Die Einflüsse auf die Zahnfußspannung wurden als gegenläufig beschrieben, sodass insbesondere bei hohen Lastwechselzahlen ein negativer oder zumindest vernachlässigbarer Einfluss der Aufteilung der Profilverschiebung bestand [LINK22 S. 427].

Die Methode zur Dimensionierung von Stirnradverzahnungen nach LINKE wurde von JAROŠ in ein iteratives Verfahren überführt, sodass die angenommenen Berechnungsfaktoren in der Auslegung an die tatsächlichen Berechnungsfaktoren der Nachrechnung nach ISO 6336 konvergieren [JARO07, ISO19c]. BANSEMIR entwickelte darauf aufbauend eine Optimierungsmethode zur Minimierung der Getriebemasse durch eine optimierte Aufteilung der Getriebeübersetzung auf mehrere Getriebestufen [BANS13]. Ein niedriges Anregungsverhalten wird mit der Vorgabe einer ganzzahligen Sprungüberdeckung nach MÜLLER berücksichtigt [MUEL91, BANS13 S. 104]. PARLOW erweiterte die Methode nach JAROŠ um eine gewichtete Auslegung der Verlustleistung, des Anregungsverhaltens und des Gewichtes [JARO07, PARL16]. Das Anregungsverhalten wird mit einer Erhöhung der Profilüberdeckung und einer ganzzahligen Sprungüberdeckung optimiert, wobei zusätzlich die Systemantwort als Vergrößerungsfunktion, abgeleitet aus einem Ein-Massen-Schwinger-Modell nach GEISER berücksichtigt wird [GEIS02, PARL16 S. 161–162]. Das Optimierungsziel der Verringerung der Verlustleistung wird auf einen Verzahnungstyp mit geringer Profilüberdeckung und kleinem Modul reduziert, sodass die Verzahnung ohne direkte Berechnung der Verlustleistung geometrisch optimiert wird [PARL16 S. 53–54].

SCHROERS kombinierte das Vorgehen zur Dimensionierung einzelner Zahnradstufen nach NAUNHEIMER mit einer gehörbezogenen dynamischen Bewertung des Anregungsverhaltens in einer Auslegungsmethode für zweistufige Stirnradgetriebe [NAUN07 S. 248–251, SCHR23]. Variationsgrößen der Optimierung sind der Normaleingriffswinkel, die Überdeckung, das Breite-Durchmesserverhältnis und die Übersetzungsaufteilung [SCHR23 S. 104]. Die Zielgrößen der Optimierung der Makrogeometrie sind die Masse, die Lästigkeit als psychoakustische Kenngröße des Anregungsverhaltens und der Verlustgrad, wobei die Tragfähigkeit als notwendige Randbedingung mit der Normtragfähigkeitsberechnung nach ISO 6336 sichergestellt wird [ISO19c, SCHR23 S. 105–106]. Die Bewertung der Getriebevarianten erfolgt je nach Zielgröße mit der FE-basierten Zahnkontaktanalyse FE-STIRNRADKETTE, einem eindimensionalen Torsionsschwingermodell mit kennfeldbasierter Zahnkontaktberechnung und einer anschließenden Luftschallsynthese [SCHR23 S. 106–107].

LACHENMAIER entwickelte eine Auslegungsstrategie für anregungsoptimierte Hochverzahnungen mit geringem Eingriffswinkel und großen Zahnhöhen [LACH83]. Ziel der

Methode ist die Auslegung einer Verzahnung mit vorgegebener Profilüberdeckung bei minimalen Gleitgeschwindigkeiten unter Berücksichtigung geometrischer Grenzen wie Unterschnitt und Mindestzahnkopfdicke [LACH83 S. 115].

WIMMER untersuchte den Einfluss verschiedener Makrogeometriegrößen auf die Verlustleistung im Zahnkontakt [WIMM06]. Auf Grundlage dieser Untersuchungen wurde ein Konstruktionskatalog zur Auslegung wirkungsgradoptimierter Verzahnungen abgeleitet [WIMM06 S. 82–83]. Die Verzahnungen sind charakterisiert durch einen möglichst geringen Modul, eine hohe Verzahnungsbreite und einen hohen Eingriffswinkel von α_{wt} = 30 ° bis 37 ° [WIMM06 S. 87]. HÖHN ET AL. übertrugen die Erkenntnisse auf Wolfrom-Getriebe und zeigten simulativ einen Wirkungsgradvorteil auf [HÖHN20].

POLLASCHEK validierte die FE-basierte Zahnkontaktanalysesoftware FE-STIRNRADKETTE zur Berechnung der Zahnfußspannung und entwickelte darauf basierend eine Auslegungsmethode des Werkzeugprofils zur Optimierung der Zahnfußspannung unter Berücksichtigung der Herstellbarkeit [POLL20].

KIM ET AL. optimierten die Makrogeometriegrößen Normalmodul, Eingriffswinkel, Schrägungswinkel, Ritzelzähnezahl und Breite mit einem genetischen Algorithmus für die Zielgrößen Masse, Wirkungsgrad und Drehfehler in einem Betriebspunkt [KIM20]. Sie zeigten für mehrere Kombinationen der Zielgrößen, dass pareto-optimale Varianten resultieren, die beispielsweise einen Trade-Off zwischen Wirkungsgrad und Masse ergeben [KIM20 S. 10]. In weiterführenden Arbeiten zeigten CHOI ET AL. in drei Optimierungsrechnungen den Einfluss der Zahnkopf- und Zahnfußhöhe als zusätzliche Variationsgrößen auf [CHOI21a]. Die weiteren Gestaltungsmöglichkeiten resultieren in einer Verschiebung der Pareto-Front und dominierenden Varianten [CHOI21a S. 12]. CHOI ET AL. wendeten die entwickelte Methode zur Optimierung des Anregungsverhalten auf ein Traktorgetriebe an [CHOI21b]. Die simulativen Optimierungsergebnisse zeigen eine Reduzierung der Drehfehlerschwankung bei unverändertem Wirkungsgrad für einen Betriebspunkt durch die Verringerung des Normalmoduls [CHOI21b S. 7]. Die Optimierung des Anregungsverhaltens wurde mit Prüfstandsuntersuchungen belegt und resultiert in einer Reduzierung des maximalen Schalldruckpegels von ΔL_p = 3,1 dB(A) [CHOI21b S. 7]. In den drei Arbeiten wurden analytische Berechnungsmethoden zur Vorhersage der Zielgrößen verwendet. Die Auswirkungen der veränderten Makrogeometrie auf die Zahnfußspannung und die Zahnflankenpressung wurden nur als Randbedingungen in Form von Mindestsicherheiten nach ISO 6336 berücksichtigt [ISO19c].

GARAMBOIS ET AL. beschrieben eine Methode zur Verbesserung des Anregungsverhaltens mit einer optimierten Makro- und Mikrogeometrie [GARA17]. Zur Bewertung der Varianten wurde ein analytisches Modell zur Berechnung der Zahndeformation entwickelt und gegenüber einer Finiten-Elemente Methode verifiziert [GARA17 S. 84–85]. Eine robuste Optimierung wurde mit der Berücksichtigung von Fertigungsabweichungen in Form von Flanken- und Achslageabweichungen in einer Monte-Carlo Simulation und der Bewertung von Verteilungsfunktionen der Zielgrößen erreicht [GARA17 S. 86].

YOUNES ET AL. entwickelten eine Optimierungsmethode zur Verbesserung des Wirkungsgrades und des Anregungsverhaltens von Getriebesystemen [YOUN22]. Sie verglichen eine Optimierung der Getriebeverlustleistung mit der Optimierung der lastbedingten Verzahnungsverlustleistung und zeigten, dass die resultierenden Makro- und Mikrogeometrieparameter nur geringfügig unterschiedlich sind [YOUN22 S. 18–19]. Zusätzlich wird deutlich, dass eine Reduzierung der Verlustleistung zunächst mit einer optimierten Makrogeometrie möglich ist, weiteres Potenzial aber mit einer Mikrogeometrieoptimierung aufgedeckt werden kann [YOUN22 S. 19–20].

HEIDER beschrieb eine Methode zur Auslegung anregungsarmer Stirnrad- und Planetengetriebe [HEID12]. Zur Bewertung der Anregung wurde der Anwendungskraftpegel entwickelt, der das dynamische Anregungsverhalten in einem definierten Frequenz- und Drehzahlbereich berücksichtigt [HEID12 S. 92–93]. Die Auslegung der Makrogeometrie ist nach HEIDER für die Steifigkeit des Eingriffs und somit die Lage der Hauptresonanz maßgeblich [HEID12 S. 99]. Für Planetengetriebe wird aufgrund der kinematischen Überlagerung rotatorischer und translatorischer Anregungen eine Auslegung anregungsarmer Einzelverzahnungen empfohlen [HEID12 S. 130].

Die Arbeiten zeigen den Einfluss der Makrogeometrie auf das resultierende Einsatzverhalten von Stirnrad- und Planetengetrieben auf. Insbesondere für Planetengetriebe und mehrstufige Getriebesysteme werden aufgrund der hohen Anzahl makrogeometrischer Optimierungsparameter nur vereinzelte Größen bei der Auslegung optimiert. Methoden zur ganzheitlichen Auslegung der Makrogeometrie zur Optimierung des Einsatzverhaltens konnten für Stufenplanetengetriebe nicht identifiziert werden.

2.1.3 Auslegung der Zahnflankenmodifikationen

Micro Geometry Design

Mit Zahnflankenmodifikationen wird das Einsatzverhalten von Verzahnungen optimiert. Eine Einteilung kann nach DIN ISO 21771 in Profillinien- und Flankenlinienmodifikationen vorgenommen werden, siehe **Bild 2-3** [ISO14]. Zusätzlich zu den Standardmodifikationen definiert die Norm DIN ISO 21771 topographische Modifikationen [ISO14 S. 59]. In Anlehnung an das topologische Wälzschleifen, das zur Herstellung dieser topographischen Modifikationen verwendet werden kann, werden diese auch als topologische Modifikationen bezeichnet [KOHN19, BRIM20]. Die Beschreibung der topologischen Modifikationen erfolgt mittels Zuordnung des Modifikationsbetrags auf einem frei definierbaren Punktegitter aus Profil- und Flankenlinien, siehe Bild 2-3 rechts. Die Definition erfordert somit mehr Parameter, als dies bei Standardmodifikationen der Fall ist. Gleichzeitig müssen die Fertigbarkeit der resultierenden Korrekturfläche sichergestellt und Unstetigkeiten vermieden werden. Die zusätzliche Gestaltungsfreiheit topologischer Modifikationen bietet bei der Auslegung weiteres Optimierungspotenzial und kann zur Kompensation von Verlagerungen und Abweichungen eingesetzt werden [KLOC17 S. 125].

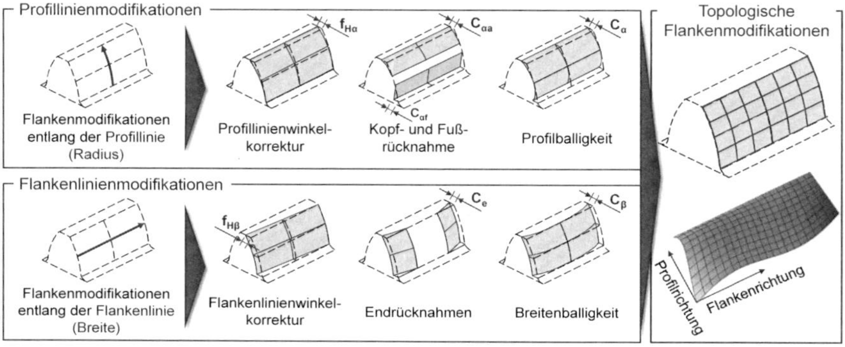

Bild 2-3: Zahnflankenmodifikationen nach DIN ISO 21771 [ISO14]
Tooth Flank Modifications according to DIN ISO 21771

Beschreibung topologischer Zahnflankenmodifikationen

Zur Auslegung von topologischen Modifikationen ist zunächst eine eindeutige Definition der lokalen Korrekturbeträge auf der Zahnflanke notwendig. Naheliegend ist die Beschreibung der einzelnen Korrekturbeträge für jeden Punkt der Zahnflanke in einem regelmäßigen Gitter. Aufgrund der hohen Anzahl an Gitterpunkten zur Beschreibung der Zahnflanke ist dieses Vorgehen insbesondere für die Auslegung jedoch nicht zielführend. BRIMMERS verglich einen Polynom- und einen Splineansatz zur formbasierten Beschreibung stetiger Flächen [BRIM20 S. 40–44]. Die polynombasierte Beschreibung stellt eine Erweiterung der Arbeiten von HELLMANN um Polynomanteile höherer Ordnungen dar [HELL15]. Der Polynomansatz kann jedoch zu Überschwingungen zwischen den Definitionspunkten führen, sodass dieser Ansatz von BRIMMERS verworfen wurde [BRIM20 S. 48]. Als zielführend erwies sich eine splinebasierte Beschreibung der topologischen Modifikation, wobei die Flächeninterpolation mit radialen Basisfunktionen durchgeführt wurde [BRIM20 S. 43]. BRIMMERS verwendete ein Gitter mit $n = 15$ Stützpunkten zur Definition der zu interpolierenden Korrekturfläche [BRIM20 S. 90]. WILLECKE ET AL. untersuchten den Einfluss der Stützstellenanzahl auf die Abbildbarkeit von Standardmodifikationen mit der von BRIMMERS verwendeten Modellierung mit radialen Basisfunktionen [WILL23 S. 5]. Der numerische Abgleich der analytisch erstellten Topographien mit den interpolierten Flächen zeigt für Winkelkorrekturen, Balligkeiten und Kopf- bzw. Fußrücknahmen, dass mit drei Punkten in Breitenrichtung und sechs Punkten in Profilrichtung eine optimale Abbildung der vorgegebenen Modifikationen möglich ist [WILL23 S. 5].

Auslegungsmethoden

Richtlinien zur Auslegung von Zahnflankenmodifikationen zur Optimierung des Einsatzverhaltens von Getrieben finden sich in verschiedenen Standardwerken der Verzahnungsauslegung [NIEM03, KLOC17, LINK22]. Bei der Auslegung von Flankenmodifikationen für Stirnräder müssen lastbedingte Verlagerungen sowie Fertigungs- bzw. Montageabweichungen berücksichtigt werden. Diese können mittels analytischen Berechnungsansätzen abgeschätzt oder alternativ mit aufwendigen FE-Simulationen berechnet werden [NIEM03 S. 114]. Methoden zur Auslegung von Zahnflankenmodifikationen zur Optimierung des Anregungsverhaltens oder der Tragfähigkeit von Verzahnungen wurden für verschiedene Anwendungsfälle entwickelt.

SFAR erweiterte eine von VRIESEN entwickelte Auslegungsmethode für Zahnflankenmodifikationen in Planetengetrieben um die Berücksichtigung von Lastkollektiven und um die Einbindung der FEM zur Abbildung der Gehäuseverformung [VRIE01, SFAR11].

VRIESEN ET AL. untersuchten den Einfluss von über der Zahnbreite veränderlichen Profillinienwinkelkorrekturen für Planetengetriebe in Windenergieanlagen und wiesen eine Reduzierung der Anregung der Zahneingriffsfrequenz mit Prüfstandsuntersuchungen nach [VRIE14]. VRIESEN beschrieb einen Ansatz zur Verwendung topologischer Zahnflankenmodifikationen bei Planetengetrieben [VRIE17]. Das Verzahnungsschleifen der Planetenräder soll aufgrund höherer Stückzahlen im Wälzschleifprozess erfolgen, wohingegen das Sonnen- und Hohlrad profilgeschliffen werden [VRIE17 S. 192]. Da topologische Modifikationen im Profilschleifprozess kostengünstiger gefertigt werden können, schlug VRIESEN eine topologische Zahnflankenmodifikation am Sonnen- und Hohlrad vor [VRIE17 S. 191–192].

RADEV entwickelte eine Methode zur Auslegung periodischer Zahnflankenmodifikationen bei Schrägverzahnungen [RADE07]. Die periodische Welligkeit gleicht die theoretische Drehwegabweichung gezielt aus, wobei eine hohe Empfindlichkeit gegenüber Fertigungsabweichungen festgestellt wurde. Insbesondere die sehr kleinen Korrekturbeträge resultieren in einer schwierigen Fertig- und Anwendbarkeit [RADE07 S. 110]. GRIGGEL entwickelte eine Methode zur Auslegung von Zahnflankenmodifikationen für Stirnradverzahnungen unter Berücksichtigung der Anregung, der Tragfähigkeit und des Wirkungsgrades [GRIG10].

HEIDER untersuchte das Schwingungsverhalten von Stirnrad- und Planetengetrieben [HEID12]. Zur Optimierung des Einsatzverhaltens entwickelte er die periodischen Welligkeiten nach RADEV weiter, sodass einerseits höhere und damit besser fertigbare Korrekturbeträge resultieren und andererseits die Tragfähigkeit und der Wirkungsgrad berücksichtigt werden können [RADE07, HEID12]. Die Auslegung der Mikrogeometrie von Planetengetrieben erfolgt in den Einzeleingriffen ohne Berücksichtigung der Wechselwirkungen oder der Verlagerungen.

NEUBAUER zeigte mit seinen Simulationen zum Anregungsverhalten von Planetengetrieben, dass die lastbedingte Verformung des Planetenträgers bei der Auslegung der Zahnflankenmodifikation als wesentlicher Einflussfaktor berücksichtigt werden muss [NEUB16].

Eine von HEIN entwickelte Methode verwendet eine lokale Schadensakkumulation auf der Zahnflanke zur Auslegung einer optimalen Zahnflankenmodifikation unter Berücksichtigung von Lastkollektiven [HEIN18]. Für verschiedene Laststufen werden Korrekturvorschläge berechnet und mit den lokalen Schadenssummen gewichtet. In einem iterativen Verfahren wird eine Zahnflankenkorrektur für eine gleichmäßige Schädigung der Zahnflanke ermittelt.

KOHN entwickelte eine Methode zur Auslegung topologischer Zahnflankenmodifikationen für Stirnradverzahnungen und baute auf den Arbeiten zu periodischen Welligkeiten von HEIDER auf [HEID12, KOHN19]. Die Auslegung der Flankenmodifikationen basiert auf quasistatischen Berechnungen der Drehwegabweichung. Eine Berücksichtigung dynamischer Verlagerungen oder Fertigungs- bzw. Montageabweichungen ist nicht vorgesehen.

VELEX ET AL. erweiterten einen von BRUYÈRE ET AL. entwickelten analytischen Ansatz zur Auslegung von Kopfrücknahmen auf Getriebesysteme mit Mehrfacheingriff [BRUY13, BRUY15, VELE16]. Der Ansatz identifiziert verschiedene Kombinationen aus Betrag und Länge der Kopfrücknahme, der die Steifigkeitsschwankung im Zahneingriff minimiert [BRUY13]. Die Berechnung der Zahnsteifigkeit beruht auf Ansätzen von WEBER und BANASCHEK [WEBE55].

CHAPRON ET AL. optimierten die dynamische Zahnkraft in Planetengetrieben mit einem genetischen Optimierungsalgorithmus zur Auslegung einer Kopfrücknahme in einem definierten Drehzahlbereich bei konstanter Last [CHAP16]. Der Algorithmus variiert die Länge und den Betrag der Kopfrücknahme, wobei die Ergebnisse zeigen, dass eine kurze Kopfrücknahme bei variierenden Lasten vorteilhaft ist.

PORTON ET AL. entwickelten ein Modell zur Untersuchung des Einflusses von Zahnflankenmodifikationen in Breitenrichtung bei Planetengetrieben mit Doppelschrägverzahnung [PORT19]. Sie untersuchten die Verteilung der Zahnkraft und verglichen verschiedene Zahnflankenmodifikationen unter Berücksichtigung der Trägertorsion. Eine Kombination aus Breitenballigkeit und Flankenlinienwinkelkorrektur ermöglichte für diesen Anwendungsfall eine robuste Optimierung der Verteilung der Zahnkraft [PORT19].

Mit einem modifizierten Particle-Swarm-Algorithmus legten LAGRESLE ET AL. eine Kombination aus Breitenballigkeit und Kopfrücknahme zur Optimierung der Pressungsverteilung und des Drehfehlers von Stirnradpaarungen aus [LAGR19]. Die verwendete numerische Methode zur Berechnung des Zahnkontakts wurde von GUINGAND ET AL. beschrieben [GUIN04]. Die Position der Berührlinien basiert auf einer analytischen Berechnung der Eingriffsebene. Verlagerungen werden als Kontaktabstände im Eingriff berücksichtigt.

BRECHER ET AL. berücksichtigten bei der Auslegung von Zahnflankenmodifikationen für ein Getriebe einer Windenergieanlage die Toleranz der Verzahnungsfertigung mit einer Variantenrechnung. Mit der Betrachtung der Stabilität aller Varianten im Toleranzfeld ist eine robuste Auslegung von Zahnflankenmodifikationen möglich. [BREC17]

THELING ET AL. entwickelten einen Ansatz zur Auslegung von Zahnflankenmodifikationen für Planetengetriebe unter Berücksichtigung von Planetenträgerverlagerungen. Sie validierten ihre Berechnungsmethode mit Messungen der Zahnfußdehnung in einem Getriebe einer Windenergieanlage. Zur Optimierung der Lastverteilung im Zahneingriff kompensierten sie die aus der Verlagerung des Planetenträgers resultierende Schiefstellung der Verzahnungen mit einer Flankenlinienwinkelkorrektur. Des Weiteren schlugen sie über dem Umfang variable Flankenmodifikationen am Hohlrad zur Optimierung der Lastverteilung im Planet-Hohlrad Eingriff vor. [THEL18]

BRIMMERS entwickelte eine Methode zur Auslegung von topologischen Zahnflankenmodifikationen für Beveloidverzahnungen [BRIM20]. Bei der Auslegung wurde die Pressungsverteilung auf der Zahnflanke für verschiedene Drehmomente berücksichtigt und optimiert. Die Optimierung der anspruchsvollen Kontaktverhältnisse von Beveloidverzahnungen mit einer FE-basierten Zahnkontaktanalyse und Metamodellen zeigte das Potenzial von topologischen Zahnflankenmodifikationen in Kombination mit Optimierungsmethoden auf [BRIM19].

PIEL verwendete eine Variantenrechnung in der FE-basierten Zahnkontaktanalyse in Verbindung mit einer notenbasierten Gewichtungsmethode zur Auslegung von Zahnflankenmodifikationen für Planetengetriebe. [PIEL20]

Methoden zur Auslegung von topologischen Zahnflankenmodifikationen unter Berücksichtigung von Verlagerungen im Gesamtsystem zur Optimierung des Einsatzverhaltens sind insbesondere für Planeten- oder Stufenplanetengetriebe bisher nicht vorhanden.

2.2 Berechnungs- und Optimierungsmethoden

Calculation and Optimization Methods

Die Auslegung von Verzahnungen wird verbreitet mit Berechnungsansätzen zur Vorhersage des Einsatzverhaltens durchgeführt oder zumindest verifiziert, wenn erfahrungsbasiert oder mit vereinfachten Annahmen ausgelegt wurde. Grundlegend können die höherwertigen Berechnungsmethoden anhand der Berücksichtigung quasistatischer oder dynamischer Betriebsbedingungen eingeteilt werden. Der erforderliche Detaillierungsgrad und der berücksichtigte Systemumfang der Zahnkontaktberechnung unterscheiden sich je nach Berechnungsziel. Dabei steht der Berechnungsumfang in einem Zielkonflikt mit dem benötigten Berechnungsaufwand. Die Formulierung des Zahnkontaktes als allgemeines Kontaktproblem, das beispielsweise mit der Methode finiter Elemente (FE) gelöst werden kann, wird aufgrund des hohen Berechnungsaufwandes nur für spezielle Anwendungsfälle, wie das Rasseln oder die Berücksichtigung eines nicht-linearen Materialverhaltens bei Kunststoffverzahnungen angewendet [EBER14, NAMH24]. Demgegenüber stehen speziell für Laufverzahnungen entwickelte Methoden zur Zahnkontaktberechnung, die im Folgenden vorgestellt und voneinander abgegrenzt werden. Anschließend werden allgemeine Optimierungsmethoden vorgestellt und Anwendungen in der Auslegung von Verzahnungen vorgestellt.

2.2.1 Quasistatische Zahnkontaktanalyse

Quasi-Static Tooth Contact Analysis

Die Berechnung des Einsatzverhaltens von Verzahnungen unter quasistatischen Bedingungen erfolgt unter Annahme eines statischen Gleichgewichts für jede Wälzstellung. Zur Reduzierung der Berechnungsdauer im Vergleich zur allgemeinen FE-Methode wird die Steifigkeitsberechnung von der Kontaktberechnung und der Lastverteilungsrechnung entkoppelt. Dies hat den Vorteil, dass Änderungen der Kontaktbedingungen, beispielsweise durch veränderte Zahnflankenmodifikationen oder lastbedingte Verlagerungen, keine erneute Berechnung der Zahnsteifigkeiten zur Folge haben. Während der Drehfehler bereits aus der Lastverteilungsrechnung resultiert, werden weitere Kenngrößen des Einsatzverhaltens, wie die Zahnflankenpressung, die Zahnfußspannung und der Wirkungsgrad darauf aufbauend berechnet.

Kontaktberechnung

Der Abwälzvorgang von in Kontakt befindlichen Zahnflanken erzeugt zeitvariante Kontaktbedingungen im Zahneingriff. Die Kontaktbereiche können entsprechend der Verzahnungsgeometrie unterschiedlich geformt sein. Bei evolventischen Außenverzahnungen sind linienartige Kontaktbereiche aufgrund der konvexen Krümmung der beiden Zahnflanken typisch. Die lastfreie Position der Kontaktlinie auf den Zahnflanken ist anhand der Eingriffsebene zu jeder Wälzstellung analytisch berechenbar. Diese analytische Linienkontaktberechnung wird verbreitet, beispielsweise in den Zahnkontaktanalyseprogrammen RIKOR und FE-STIRNRADKETTE, eingesetzt [PLAC88, BONG90].

Allgemeine Zahnkontaktanalyseprogramme wie ZAKO3D verwenden einen numerischen Flächenkontaktansatz [HEMM07]. Bei diesem wird der Abstand aller Flankenpunkte zur Gegenflanke numerisch für jede Wälzstellung bestimmt. Mit diesem Verfahren ist die Berücksichtigung der Zahnflankenmodifikationen, der Verlagerung der Zahnräder und der lastbedingten Überdeckungserhöhung bei der Kontaktberechnung möglich. Nachteilig sind die höhere Berechnungsdauer und numerische Abweichungen, die aufgrund der Diskretisierung der Zahnflanken mit Punktewolken entstehen [HEMM07 S. 43f].

Steifigkeitsberechnung

Die analytische Berechnung der Zahnsteifigkeit wurde von WEBER und BANASCHEK durch die Anwendung eines Balkenmodells zur Berechnung der elastischen Zahndeformation geprägt [WEBE55]. SCHMIDT kombinierte diesen Ansatz mit einem Plattenmodell bestehend aus zwei einseitig eingespannten Platten, die den Zahnkontakt repräsentieren und eine Berechnung von Schrägverzahnungen ermöglichen [SCHM73]. Die Verformung an der Außenkante einer endlich langen, einseitig eingespannten Platte unter Belastung mit einer Einzelkraft wird mit einer Näherungslösung nach KAGAWA ermittelt [SCHM73 S. 13–22]. Mit einer Korrekturfunktion nach HAYASHI wird anschließend die Verformung an der Außenkante auf die tatsächliche Berührlinie umgerechnet, sodass eine Einflussfunktion zwischen Ort der Belastung und Ort der Verformung resultiert [SCHM73 S. 22–24]. Die Parametrierung der Steifigkeit des Plattenmodells erfolgt anhand der nach WEBER und BANASCHEK berechneten Verformung einer im Normalschnitt der Schrägverzahnung abgeleiteten Geradverzahnung [SCHM73 S. 35]. Wird die Berechnung der Einflussfunktion für alle diskreten Berührpunkte durchgeführt, resultiert eine Steifigkeitsmatrix, die auch als Einflusszahlenmatrix bezeichnet wird.

FE-basierte Zahnkontaktanalysen verwenden FE-Modelle von Zahnradsegmenten zur Berechnung der Steifigkeit, da diese den Vorteil der Berücksichtigung der exakten, durch Fertigungssimulationen berechneten Verzahnungsgeometrie bieten [CAO02, HEMM07]. Die Berechnung der lokalen, linear-elastischen Steifigkeit erfolgt mit Einheitskräften auf der Zahnflanke. In Folge der Auswertung der Verschiebung eines lokalen FE-Knotens aufgrund der Belastung an diesem wird eine Steifigkeit bzw. Einflusszahl ermittelt. Werden die Verschiebungen an weiteren Knoten auf den Zahnflanken ausgewertet, die nicht direkt belastet sind, resultieren Kreuzeinflusszahlen [NEUP83 S. 21f]. Die Berechnung von Einflusszahlen innerhalb von Elementoberflächen wird mit der Umrechnung der anteiligen umliegenden Knotenverschiebungen mit Formfunktionen nach ZIENKIEWICZ ET AL. durchgeführt [ZIEN13 S. 167f].

Die Berechnung der Verschiebungseinflusszahlen kann bei Verwendung eines analytischen, linienbasierten Kontaktberechnungsansatzes direkt an den vorberechneten Berührpunkten durchgeführt werden [CAO02 S. 33–35]. Alternativ können Einflusszahlen an allen Knoten auf der Zahnflanke als potenzielle Berührpunkte berechnet werden, was hauptsächlich bei numerischen Flächenkontaktansätzen angewendet wird [HEMM07 S. 50–54].

Lastverteilungsrechnung

Die Berechnung der Berührpunktkräfte für jede Wälzstellung erfolgt in der Lastverteilungsrechnung. Diese wird iterativ für jede Wälzstellung durchgeführt und verwendet die Kontaktabstände zwischen den beiden Flanken und die Verschiebungseinflusszahlen. Das Kontaktproblem kann als mathematisches Ersatzfedermodell des Zahnkontakts nach NEUPERT beschrieben und in Form eines linearen Gleichungssystems gelöst werden [NEUP83]. Bei der linienbasierten Kontaktberechnung wird zunächst angenommen, dass alle Berührpunkte auf den berechneten Kontaktlinien im Eingriff sind und eine Kraft übertragen [NEUP83 S. 20f]. Da bei der Lösung des linearen Gleichungssystems keine nicht-linearen Randbedingungen berücksichtigt werden, ist eine mathematische Übertragung von Zugkräften an den Berührpunkten eine mögliche, aber mechanisch nicht valide Lösung. Die Kontaktpunkte, die eine Zugkraft übertragen, werden iterativ aus dem Ersatzfedermodell eliminiert, bis eine valide Lösung des Kontaktproblems gefunden ist. Bei flächenbasierten Kontaktberechnungsansätzen ist eine Abschätzung vorzunehmen, welche Kontaktpunkte potenziell in Kontakt stehen, bevor die iterative Lösung des Kontaktproblems angewendet wird.

Berechnung von Kenngrößen des Einsatzverhaltens

Die Normalkräfte an den Berührpunkten resultieren direkt aus der validen Lösung des mathematischen Federmodells. Zur Analyse des Einsatzverhaltens sind weitere Kenngrößen von Interesse. Die Berechnung der Zahnflankenpressung ist nach HERTZ möglich, indem die linienbasierten Berührpunktkräfte in eine Linienlast umgerechnet werden [CAO02 S. 43f]. Bei Verwendung eines flächenbasierten Kontaktansatzes ist die Anwendung eines allgemeinen Pressungsansatzes in Form einer flächenbezogenen Normalkraft möglich [HEMM07 S. 58f]. Die lokal auf der Zahnflanke berechneten Zahnflankenpressungen und Berührpunktkräfte stehen für weitere Berechnungen zur Verfügung und können zusammen mit lokalen Gleitgeschwindigkeiten einem Reibkraftmodell zur Berechnung der lokalen Verlustleistung zugeführt werden [SCHL95 S. 108f, LÖPE15 S. 47f].

Der lastfreie Drehfehler resultiert aus der Kontaktberechnung, da ein wälzstellungsbezogenes Anliegen der Zahnflanken numerisch sichergestellt und die notwendigen Drehungen der Zahnräder berechnet werden [CAO02 S. 30f]. Der lastbedingte Drehfehler ergibt sich aus der Lösung des Federmodells als Randbedingung in Form der Starrkörperverschiebung aufgrund des aufgeprägten Drehmoments und der lokalen Berührpunktsteifigkeiten [CAO02 S. 46f].

Bei FE-basierten Steifigkeitsberechnungen ist eine Auswertung der Spannungen im Zahnfuß aufgrund der Verschiebungen der Knoten möglich. Hierzu werden die Verschiebungseinflusszahlen zur Superposition der aus den berechneten Knotenbelastungen resultierenden Verschiebungen an den Zahnfußelementen verwendet. [CAO02 S. 45f]

Anwendungsspezifische Weiterentwicklungen

Die Methode der Zahnkontaktanalyse wurde in den letzten Jahren stetig für verschiedene Anwendungen spezialisiert und erweitert, wovon im Folgenden nur die neuesten Erweiterungen vorgestellt werden. AHMAD ermöglichte mit seinen Arbeiten die Berücksichtigung von gemessenen Topographien aller Zahnflanken und somit der Berechnung der langwelligen Anregung in der FE-STIRNRADKETTE [AHMA23]. SCHROERS erweiterte die FE-STIRNRADKETTE um die quasistatische Berechnung von gekoppelten zweistufigen Getrieben durch eine gemeinsame mathematische Beschreibung der Zahnkontakte im mathematischen Federmodell [SCHR23].

Die Berücksichtigung des Mehrfacheingriffs an den Zentralrädern in Planetengetrieben wurde von THELING umgesetzt [THEL24]. Dabei werden die Kreuzeinflusszahlen über mehrere Eingriffe berechnet und das gesamte Planetengetriebe in einem geschlossenen Gleichungssystem beschrieben und gelöst.

2.2.2 Dynamische Mehrkörpersimulation

Dynamic Multi-Body Simulation

Die zunehmenden Qualitätsanforderungen an Getriebesysteme begründen den Bedarf nach komponentenübergreifenden Systemsimulationsmodellen, um Wechselwirkungen zwischen Komponenten bei der Auslegung berücksichtigen zu können. Zusätzlich ist die Bewertung zeitvarianter Betriebszustände aufgrund der hohen Antriebsdrehzahlen, insbesondere im Bereich von Fahrzeuggetrieben, notwendig. Zur Modellierung von Zahnkontakten in Systemmodellen wurden verschiedene Methoden entwickelt. Eine Einteilung lässt sich anhand der berücksichtigten Freiheitsgrade vornehmen, wodurch sich Drehschwingungsmodelle mit einem rotatorischen Freiheitsgrad je Körper von elastischen Mehrkörpersystemmodellen mit sechs Bewegungsfreiheitsgraden je Körper unterscheiden lassen.

Erste Ansätze zur Berechnung des dynamischen Anregungsverhaltens von Stirnradgetrieben mit Drehschwingungsmodellen wurden von BOSCH beschrieben [BOSC65]. Aufbauend auf den Arbeiten von BOSCH und MÖLLERS wurde von GACKA das Kraftkoppelelement entwickelt, das eine Berechnung der im Zahnkontakt übertragenen Kräfte und Drehmomente aus dem Differenzwinkel und der Differenzgeschwindigkeit der Zahnräder ermöglicht [BOSC65, MÖLL82, GACK13]. Die Berechnung des Zahnkontakts wird dabei mit vorab berechneten Kennfeldern von der dynamischen Lösung des Drehschwingungsmodells entkoppelt. CARL entwickelte eine Methode zur Synthese der Geräuschanregung auf Grundlage des von GACKA beschriebenen Simulationsmodells [CARL14]. Darauf aufbauend wurde von SCHROERS eine Auslegungsmethode für zweistufige Getriebe mit psychoakustischer Bewertung der Geräuschabstrahlung entwickelt [SCHR23]. PIEL erweiterte den Ansatz von GACKA für die Berechnung des dynamischen Anregungsverhaltens von Planetengetrieben, wobei Achslageabweichungen nicht berücksichtigt wurden [PIEL20]. Bei Drehschwingungsmodellen wird nur der rotatorische Freiheitsgrad bei der Berechnung des Zahnkontakts betrachtet.

Zur detaillierten Berechnung von Zahnkontakten in dynamisch Betriebsbedingungen können dynamische Mehrkörpersimulationen verwenden werden. Die Mehrkörpersimulation (MKS) basiert auf der mathematischen Modellierung und numerischen Lösung der Bewegungsgleichungen für mechanische Systeme bestehend aus massebehafteten Körpern, die mit masselosen Elementen verbunden sind [RILL23 S. 39]. Bei der numerischen Lösung dieser Gleichungen werden die Beschleunigungen, Geschwindigkeiten und Positionen der Körper iterativ mit diskreten Zeitschrittverfahren berechnet.

SCHURR entwickelte eine vollelastische Mehrkörpersimulationsmethode zur Berechnung hochdynamischer Stoßvorgänge [SCHU18]. Aufgrund der hohen Berechnungsdauer sind nur sehr kurze Zeitbereiche simulierbar [SCHU18 S. 167f]. Umfangreiche Analysen des Anregungsverhaltens in verschiedenen Betriebsbedingungen oder Variantenrechnungen zur Auslegung sind somit nur sehr begrenzt möglich.

Eine Kombination der dynamischen MKS mit einer FE-basierten Zahnkontaktberechnung entwickelte FRÜH auf Grundlage der FE-STIRNRADKETTE [FRÜH08]. Die Berührpunkte werden analytisch bestimmt, sodass die Einflusszahlen entsprechend der Position interpoliert werden können [FRÜH08 S. 32–33]. Die Kontaktabstände zwischen den Zahnflanken werden analytisch aus den Verlagerungen an den zuvor berechneten Berührpunkten ermittelt [FRÜH08 S. 33–35]. Eine Verschiebung der Berührlinie aufgrund einer Verlagerung wird somit nicht berücksichtigt.

Das Programm BECAL zur Berechnung von Kegelrädern wurde von WAGNER zur Co-Simulation mit SIMPACK weiterentwickelt [WAGN24]. Die Methode wurde durch einen Vergleich mit der quasistatischen Berechnung in BECAL verifiziert und zeigt hohe Übereinstimmungen. Im Vergleich zu den analytischen Methoden zur Berechnung von Kegelrädern in SIMPACK wurden deutliche Unterschiede festgestellt [WAGN24 S. 148].

WISCHMANN ET AL. entwickelten eine Methode zur Modellierung von Zahnkontakten in der MKS-Software SIMPACK, bei der eine vorberechnete Zahneingriffssteifigkeit aus der FE-basierten Zahnkontaktanalyse FE-STIRNRADKETTE verwendet wird [WISC25]. Die Methode ermöglicht die Berücksichtigung elastischer Radkörperstrukturen bei der Berechnung des dynamischen Anregungsverhaltens.

2.2.3 Optimierungsmethoden und -algorithmen

Optimization Methods and Algorithms

Wird das Einsatzverhalten von Zahnradgetrieben als Optimierungsproblem beschrieben, sind stark nichtlineare, gekoppelte Beziehungen zwischen einer Vielzahl von Eingangs- und Ausgangsgrößen zu berücksichtigen. Aufgrund der hohen Berechnungsdauer detaillierter Simulationsmodelle muss für diese Art der technischen Optimierungsprobleme ein effizienter Optimierungsansatz gewählt werden. Eine Herausforderung stellt die Größe des multi-dimensionalen Parameterraums des Optimierungsproblems in Kombination mit konkurrierenden Zielgrößen dar.

Die Optimierung einfacher, isolierter Systeme ist mit einem vollfaktoriellen Versuchsplan möglich [SIEB17 S. 7]. Anhand des Versuchsplans können Simulationen oder Untersuchungen durchgeführt und ausgewertet werden, woraufhin die Auswahl der optimalen Parameterkombination erfolgt. Die Optimierung nicht-linearer Systeme mit hohem Berechnungsaufwand kann durch Metamodelle beschleunigt werden. Das Vorgehen wird unterteilt in die drei Schritte *Sampling*, *Metamodellierung* und *Optimierung*.

Sampling

Die multi-dimensionalen Faktorräume nicht-linearer Systeme können aufgrund der hohen resultierenden Variantenzahl nicht mit vollfaktoriellen Versuchsplänen analysiert werden. Zur Auswahl einer repräsentativen Stichprobe für die weitergehende Analyse und Approximation des Faktorraums werden Sampling-Methoden eingesetzt. Dabei wird zwischen klassischen Versuchsplänen und raumfüllenden Designs bzw. Testfeldern, die eine möglichst effiziente Abdeckung des zu untersuchenden Faktorraums ermöglichen, unterschieden [SIEB17 S. 226]. Die Güte der ausgewählten Stichprobe wird anhand der Gleichverteilung der Punkte im Faktorraum bewertet. Zur Erzeugung von Testfeldern existieren verschiedene Methoden. Einerseits können Testpunkte zufällig im Faktorraum verteilt werden (bspw. Monte-Carlo Methode) und andererseits können Testfelder gezielt unter Berücksichtigung der Anzahl an Faktoren und gewünschter Testpunkte erstellt werden (bspw. Latin-Hypercube-Sampling) [SIEB17 S. 226f]. Ein einfacher Vergleich eines Vollfaktorplans und eines Latin-Hypercube Testfelds ist in **Bild 2-4** links für zwei Faktoren und neun Testpunkte dargestellt. Die Abdeckung des Faktorraums wird aufgrund der Rotation des Latin-Hypercube Testfelds maximiert und Pseudo-Wiederholungen werden vermieden. Mit neun unterschiedlichen Testpunkte je Faktor resultiert eine höhere Informationsdichte im Vergleich zu einem Vollfaktorplan, die bei der anschließenden Metamodellierung des Faktorraums vorteilhaft ist [SIEB17 S. 184].

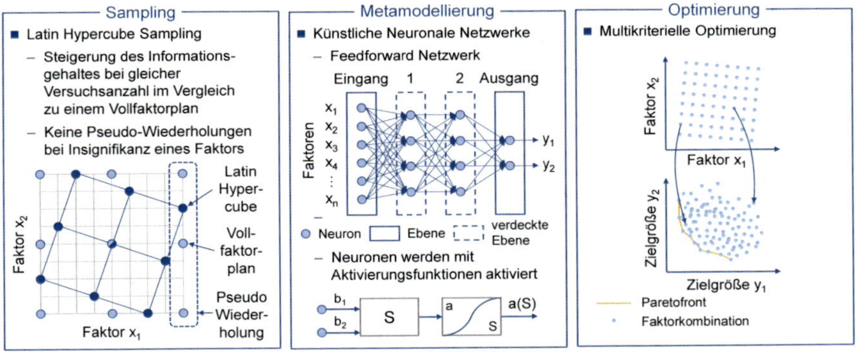

Bild 2-4: Optimierung nicht-linearer Systeme nach [SIEB17 S. 183, 303f, 326]
Optimization of Nonlinear Systems

Metamodellierung

Die hohe Berechnungsdauer hochdetaillierter Systemmodelle verhindert einen direkten Einsatz von Optimierungsalgorithmen. Mit Metamodellen wird das Systemverhalten in einem definierten Faktorbereich approximiert. Der Vorteil liegt dabei in einer deutlich reduzierten Berechnungsdauer, wobei Approximationsfehler analysiert und bewertet werden müssen. Mittlerweile existiert eine Vielzahl an Modellansätzen, wovon im Folgenden nur ausgewählte Ansätze genauer betrachtet werden. [SIEB17 S. 231f]

Ein weit verbreiteter Ansatz zur Modellierung systematischer Zusammenhänge ist die Regression. Das lineare Regressionsmodell besteht aus unabhängigen Faktoren, die mit konstanten Werten (Regressionskoeffizienten) gewichtet werden. Die Aufstellung des Modells erfolgt mit der Methode kleinster Fehlerquadrate. [SIEB17 S. 232]

Polynomiale Metamodelle stellen eine Erweiterung der linearen Regression dar und eignet sich zusätzlich zur Berücksichtigung von Kreuzeinflüssen. Werden zur Beschreibung des Systemverhaltens einige Faktoren benötigt und sollen Faktorkombinationen berücksichtigt werden, ist ein Overfitting möglich, das zu Approximationsfehlern führt. Aus diesem Grund ist die Signifikanz der verwendeten Faktorkombinationen von großer Bedeutung und sollte überprüft werden. [SIEB17 S. 234f]

Künstliche Neuronale Netzwerke werden zunehmend zur Metamodellierung von technischen Systemen eingesetzt. Der Aufbau ist an biologischen Nervensystemen orientiert und beinhaltet Neuronen, die in mehreren Schichten angeordnet sind. Eine weitverbreitete Netzwerktopologie ist das Feedforward Netzwerk, das aus mehreren aufeinanderfolgenden Ebenen bzw. Schichten mit Neuronen besteht, siehe Bild 2-4 mittig. Zwischen den Neuronen der verschiedenen Ebenen bestehen Verbindungen, die eine gewichtete Weitergabe der Aktivierung ermöglichen. Die Summe der gewichteten Aktivierungen wird mit einer Aktivierungsfunktion bewertet und an die nächste Ebene weitergegeben. Die Eingangsebene beinhaltet die zur Approximation verwendeten Faktoren x, während die Ausgangsschicht die Ausgangsvariablen y enthält. Bei dem Trainieren eines Neuronalen Netzwerks werden die Gewichtungen b an den Verbindungen zwischen den Neuronen angepasst, sodass die Approximationsgüte gesteigert wird. [SIEB17 S. 302–304]

Der flexible Aufbau von Neuronalen Netzwerken mit mehreren Ebenen und einer variablen Anzahl an Neuronen je Ebene ermöglicht die Abbildung komplexer nicht-linearer Zusammenhänge. Wird eine zu umfangreiche Topologie gewählt und trainiert, besteht zunehmend die Möglichkeit einer Überanpassung bzw. eines Overfittings des Netzwerks an die Trainingsdaten. Die Approximationsgüte wird anhand von unabhängigen Testdaten bewertet und sinkt in diesem Fall. [SIEB17 S. 310f]

Optimierung

Ein recheneffizientes Metamodell, das innerhalb definierter Faktorgrenzen eine ausreichend hohe Approximationsgüte liefert, ermöglicht die Identifikation von pareto-optimalen Faktorkombinationen. Zur multikriteriellen Optimierung können verschiedene Strategien angewendet werden. Einerseits können die verschiedenen Zielgrößen vor der Optimierung gewichtet und auf eine übergeordnete Zielgröße reduziert werden [SIEB17 S. 333]. Andererseits existieren spezielle Metaheuristiken, wie genetische Optimierungsalgorithmen, die zur Bestimmung der Pareto-Front eingesetzt werden können [SIEB17 S. 353].

Wird eine übergeordnete Zielgröße optimiert, können Single Objective Optimization Algorithmen eingesetzt werden. Verbreitet sind naturanaloge Verfahren wie die Particle Swarm Optimization (PSO), die sich an dem Verhalten von Vogelschwärmen orientiert. Die Bewegung einzelner Partikel im Faktorraum wird von stochastischen und deterministischen Komponenten beeinflusst, wobei ein Informationaustausch zwischen den Partikeln stattfindet [SIEB17 S. 336]. Bei genetischen Algorithmen werden ähnliche stochastische und deterministische Anteile zur Erzeugung neuer Faktorkombinationen in Form der Kreuzung und der Mutation verwendet [SIEB17 S. 353].

Das Ziel der multikriteriellen Optimierung ist die Identifikation pareto-optimaler Faktorkombinationen, die als Pareto-Front im Zielgrößenraum dargestellt werden können, siehe Bild 2-4 rechts. Etablierte Verfahren zur Identifikation sind genetische Algorithmen, wie der NSGA-II (Non-dominant Sorting Genetic Algorithm), bei denen die auf der aktuellen Pareto-Front liegenden Kombinationen geclustert und zur Generierung der nächsten Kombinationen verwendet werden [SIEB17 S. 358f]. Des Weiteren wurden eine Vielzahl von Erweiterungen beispielsweise des PSO Algorithmus zur multikriteriellen Optimierung entwickelt [GAD22 S. 2544]. Aufgrund der möglichen Approximationsfehler ist eine abschließende Überprüfung der identifizierten optimalen Faktorkombinationen mit dem detaillierten Simulationsmodell zwingend notwendig [SIEB17 S. 458].

2.2.4 Optimierungsmethoden in der Verzahnungsauslegung

Optimization Methods in Gear Design

Die Auslegung der Verzahnungsgeometrie ist von unterschiedlichen, in Konflikt stehenden Zielen geprägt. Aufgrund der hohen Anzahl geometrischer Freiheitsgrade werden Optimierungsmethoden verbreitet eingesetzt, wobei meist ein Fokus auf einzelne Aspekte wie die Zahnflankenmodifikationen, einzelne Makrogeometriegrößen oder die Zahnfußgeometrie gelegt wird.

Eine Methode zur Optimierung stellt die direkte Simulation einzelner Varianten mit anschließender Bewertung dar. Das Sampling wird somit nicht zur Metamodellierung, sondern direkt zur Optimierung bzw. Auswahl verwendet. Dabei kann das Sampling mit definierten Faktorplänen (bspw. vollfaktoriell) erfolgen, wobei anschließend eine Auswahl der optimalen Variante innerhalb des Variantenraums erfolgt (*Auswahlverfahren*). Alternativ können die Varianten fortlaufend von dem Optimierungsalgorithmus auf Grundlage der bisher berechneten Varianten definiert werden, sodass kein vorheriges Sampling und keine Metamodellierung notwendig sind. Die Berechnung der Varianten wird somit parallel zu der Optimierung durchgeführt (*Direkte Optimierung*). Diese Optimierungsstrategien sind von der metamodellbasierten Optimierung nach Kapitel 2.2.3 zu unterscheiden.

Zur Auslegung von Zahnflankenmodifikationen sind vollfaktorielle Variantenrechnung verbreitet [CAO02 S. 86f, HELL15 S. 39f, PIEL20 S. 98f, THEL24 S. 109f]. Die Auswertung und Auswahl der optimalen Variante erfolgt dabei je nach Anwendungsfall unter Berücksichtigung umliegender Varianten im Toleranzfeld, sodass die Robustheit bei der Bewertung einfließt [HELL15 S. 39]. Aufgrund des hohen Aufwandes zur Berechnung eines vollfaktoriellen Versuchsraums werden vermehrt direkte Optimierungen mit heuristischen Methoden wie evolutionären oder naturanalogen Algorithmen angewendet. POLLASCHEK implementierte einen genetischen Algorithmus zur Auslegung der Zahnfußgeometrie zur Optimierung der Tragfähigkeit [POLL20 S. 79f].

SCHROERS verwendete einen Particle-Swarm-Algorithmus für die Verzahnungsauslegung zweistufiger Getriebe zur Optimierung der Geräuschabstrahlung [SCHR23 S. 104f]. Der genetische Optimierungsalgorithmus NSGA-II eignet sich insbesondere zur Mehrzieloptimierung und Identifikation von pareto-optimalen Lösungen. Angewendet wurde der NSGA-II Algorithmus beispielsweise von GARAMBOIS ET AL. und YOUNES ET AL. [GARA17, YOUN22]. Der Simulated-Annealing Algorithmus, welcher sich am Abkühlprozess von Metallen orientiert, wurde von BANSEMIR und PARLOW zur Optimierung verwendet [BANS13 S. 81, PARL16 S. 87].

Ein deterministischer Algorithmus zur Exploration des Faktorraums in Form des DIRECT-Algorithmus wurde von ARTONI ET AL. zur Auslegung von Zahnflankenmodifikationen bei Stirnradverzahnungen verwendet [ARTO13]. Die Optimierung des Wirkungsgrades und der Zahnflankenpressung von Hypoidverzahnungen mit einer polynombasiert beschriebenen Zahnflankenmodifikation wurde von ARTONI ebenfalls mit einem DIRECT-Algorithmus durchgeführt [ARTO19].

Metamodellbasierte Optimierungsmethoden bieten den Vorteil, dass die numerisch aufwendige Berechnung der Varianten (Sampling) unabhängig von der Optimierung ist. Eine nachträgliche Änderung der Gewichtung mehrerer Zielgrößen bei einer multikriteriellen Optimierung ist folglich mit wenig Aufwand umsetzbar. BAXMANN wendete ein künstliches neuronales Netz zur Metamodellierung des Zusammenhangs zwischen der Zahnflankenmodifikation von Kegelradverzahnungen und dem Drehfehler sowie der Zahnflankenpressung an [BAXM07 S. 108]. BRIMMERS verglich verschiedene Ansätze zur Metamodellierung und verwendete schließlich ein Kriging-Modell zur Approximation des Einflusses von topologischen Zahnflankenmodifikationen auf das Einsatzverhaltens von Beveloidverzahnungen [BRIM20 S. 97]. WILLECKE ET AL. verglichen verschiedene Metamodellierungsansätze zur Vorhersage des Einflusses von Zahnflankenmodifikationen auf akustische Kenngrößen von Stirnradverzahnungen, wobei künstliche neuronale Netzwerke eine weitere Steigerung der Abbildungsgüte im Vergleich zur Anwendung eines Kriging-Modells zeigten [WILL23 S. 436f].

2.3 Stufenplanetengetriebe

Stepped Planetary Gear-Sets

Eine Herausforderung bei der Auslegung von Fahrzeuggetrieben liegt in der Kombination aus einer hohen Leistungsdichte, einem hohen Wirkungsgrad und einer geringen Geräuschemission. Mit der Elektrifizierung des Antriebstrangs steigen die Anforderungen hinsichtlich der Geräuschemission und des Wirkungsgrades zusätzlich, da einerseits das maskierende Geräusch des Verbrennungsmotors entfällt und andererseits die Energieeffizienz bei elektrisch angetriebenen Fahrzeugen im Fokus steht. Um diese Anforderungen zu erfüllen, werden zunehmend komplexe Getriebetopologien mit Planetengetrieben verwendet. Stufenplanetengetriebe stellen eine potenzielle Alternative dar, um die aktuellen Herausforderungen in der Antriebstechnik zu lösen. Die Vorteile sind insbesondere die geringe axiale Länge in Verbindung mit einer koaxialen

Ausrichtung der Eingangs- und Ausgangswelle sowie die hohe Übersetzung und Leistungsdichte. In diesem Kapitel wird zunächst auf den Aufbau und den Leistungsfluss in Stufenplanetengetrieben eingegangen, bevor die Besonderheiten und Herausforderungen des Einsatzverhaltens beschrieben werden. Der Einfluss von Fertigungs- und Montageabweichungen auf das Einsatzverhalten wird ebenso wie das dynamische Verlagerungsverhalten im Detail erläutert.

2.3.1 Aufbau und Leistungsfluss

Structure and Power Flow

Bei Stufenplanetengetrieben wird – im Gegensatz zu Planetengetrieben – der einzelne Planet durch einen Stufenplaneten, bestehend aus zwei fest miteinander verbunden Zahnrädern, ersetzt. Der Aufbau und die Komponenten sind in **Bild 2-5** links dargestellt. Die Sonne ist mit dem größeren Planet 1 im Eingriff, wohingegen der kleinere Planet 2 mit dem Hohlrad im Kontakt ist. Aufgrund der unterschiedlichen Zähnezahl der beiden Planeten des Stufenplaneten ist nach MÜLLER eine Standübersetzung bis $i_0 = -23{,}3$ realisierbar [MUEL98 S. 27].

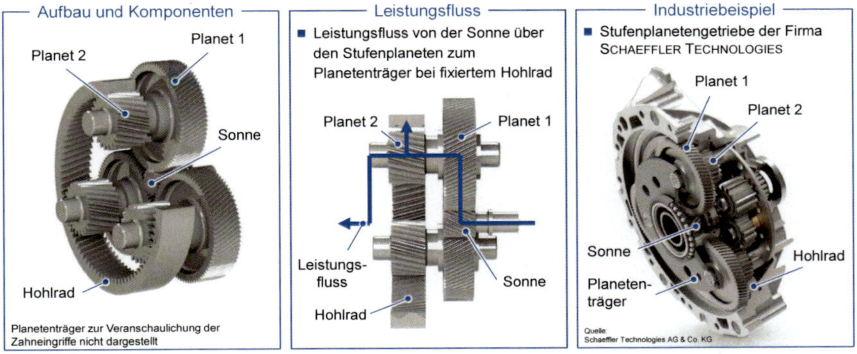

Bild 2-5: Aufbau und Leistungsfluss von Stufenplanetengetrieben
Structure and Power Flow of Stepped Planetary Gear Stages

Im Zweiwellenbetrieb mit stehendem Hohlrad wird die maximale Übersetzung zwischen Sonne und Planetenträger erreicht, weswegen dieser Betriebsmodus bevorzugt eingesetzt wird. Der Leistungsfluss für diesen Betriebsmodus ist in Bild 2-5 mittig zu sehen. Dabei wird die Leistung von der Sonne über den Stufenplaneten auf den Planetenträger übertragen. Ein Anwendungsbeispiel für diesen Betriebsmodus ist in Bild 2-5 rechts von der Firma SCHAEFFLER TECHNOLOGIES AG & CO. KG abgebildet.

Die Standübersetzung i_0 für Stufenplanetengetriebe in diesem Betriebsmodus wird nach **Gleichung (2-1)** berechnet. Planet 1 steht mit der Sonne und Planet 2 mit dem Hohlrad in Kontakt. Die sich daraus ergebende Übersetzung zwischen Sonne und Träger i_{SC} kann nach **Gleichung (2-2)** berechnet werden und beschreibt das Drehzahlverhältnis zwischen Sonne und Planetenträger. Bei der Berechnung der Planetendrehzahl muss der rotierende Planetenträger berücksichtigt werden. Die Herleitung der Übersetzung zwischen Sonne und Planeten erfolgt aus diesem Grund mit der Differenz zwischen Sonnendrehzahl und Trägerdrehzahl. Die Sonnendrehzahl wird somit um die Trägerdrehzahl verringert, wodurch der Planet theoretisch an einer Position im Raum verharrt. Die resultierenden Drehzahlen müssen aufgrund des Verzahnungsgesetzes dem Zähnezahlverhältnis aus Planet 1 und Sonne entsprechen, siehe **Gleichung (2-3)**. Wird diese Gleichung unter Verwendung von Gleichung (2-2) nach dem Drehzahlverhältnis zwischen Sonne und Planet 1 umgeformt, resultiert **Gleichung (2-4)**. Somit ist das tatsächliche Drehzahlverhältnis bekannt und kann zur Berechnung der Zahneingriffsfrequenz verwendet werden.

$$i_0 = -\left|\frac{z_{P1} \cdot z_H}{z_S \cdot z_{P2}}\right| \tag{2-1}$$

$$i_{SC} = 1 - i_0 = 1 + \left|\frac{z_{P1} \cdot z_H}{z_S \cdot z_{P2}}\right| = \frac{n_S}{n_C} \tag{2-2}$$

$$\frac{n_S - n_C}{n_{P1}} = -\frac{z_{P1}}{z_S} \tag{2-3}$$

$$i_{SP} = \frac{n_S}{n_{P1}} = -\frac{z_{P1}}{z_S \cdot \left(1 - \frac{1}{1 - i_0}\right)} = -\frac{z_{P1}}{z_S} \cdot \left(1 - \frac{1}{i_0}\right) \tag{2-4}$$

i_0	[-]	Standübersetzung	z_{P1}	[-]	Zähnezahl Planet 1
z_H	[-]	Zähnezahl Hohlrad	z_S	[-]	Zähnezahl Sonne
z_{P2}	[-]	Zähnezahl Planet 2	i_{SC}	[-]	Übersetzung Sonne-Träger
n_S	[min^{-1}]	Drehzahl Sonne	n_C	[min^{-1}]	Drehzahl Träger
n_{P1}	[min^{-1}]	Drehzahl Planet 1	i_{SP}	[-]	Übersetzung Sonne-Planet 1

Das Verhältnis aus Anregungsfrequenz und Bezugsfrequenz, die zumeist die Drehfrequenz ist, wird als Anregungsordnung bzw. bei Verzahnungen als Zahneingriffsordnung bezeichnet. Die Zahneingriffsordnung der Sonne-Planet Stufe $O_{z,S1}$ in einem Stufenplanetengetriebe wird bezogen auf die Sonnendrehzahl mit dem Übersetzungsverhältnis i_{SP} nach **Gleichung (2-5)** berechnet. Anregungen aus dem Zahnkontakt der Planet-Hohlrad Stufe sind periodisch mit der Anzahl an Hohlradzähnen je Trägerumdrehung. Wird diese Zahneingriffsfrequenz ebenfalls auf die Sonnendrehzahl bezogen, resultiert die Zahneingriffsordnung der zweiten Stufe $O_{z,S2}$ nach **Gleichung (2-6)**.

$$O_{z,S1} = \left|\frac{z_{P1}}{i_{SP}}\right| \tag{2-5}$$

$$O_{z,S2} = \left|\frac{z_H}{i_{SC}}\right| = O_{z,S1} \cdot \frac{z_{P2}}{z_{P1}} \tag{2-6}$$

$O_{z,Si}$	[-]	Zahneingriffsordnung Stufe i	z_{Pi}	[-]	Zähnezahl Planet i
i_{SP}	[-]	Übersetzung Sonne-Planet 1	z_H	[-]	Zähnezahl Hohlrad
i_{SC}	[-]	Übersetzung Sonne-Träger			

Insbesondere für Getriebesysteme mit hohen Drehzahlen am Eingang, wie sie vermehrt bei elektrisch angetriebenen Fahrzeugen zu finden sind, reichen auch Drehordnungen der Wellen bis in den akustisch relevanten Frequenzbereich [AHMA23]. Die Wellendrehordnungen können aus den Übersetzungsverhältnissen zwischen Sonne, Planeten und Träger berechnet werden.

Die kinematische Kopplung der Eingriffe der mehrfach verbauten Stufenplaneten mit der Sonne bzw. dem Hohlrad bedingt geometrische Restriktionen in Form von zulässigen Zähnezahlkombinationen. Unter der Voraussetzung, dass die Stufenplaneten untereinander austauschbar und somit die Winkelposition der beiden Planeten eines Stufenplanetens zueinander bei allen Stufenplaneten identisch ist, muss **Gleichung (2-7)** in Anlehnung an MÜLLER erfüllt sein [MUEL98 S. 239]. In der vorliegenden Form wird eine Modulo- bzw. Restwertfunktion zur Prüfung der Teilbarkeit verwendet. Aufgrund der hohen Anzahl geometrischer Freiheitsgrade und Restriktionen bei der Auslegung von Stufenplanetengetrieben ist eine Optimierung der Verzahnungsgeometrie in geschlossenen Berechnungsmethoden laut BANSEMIR schwierig [BANS13 S. 86].

$$mod(|z_S \cdot z_{P2}| + |z_{P1} \cdot z_H|, n_P) = 0 \tag{2-7}$$

z_S	[-]	Zähnezahl Sonne	z_{Pi}	[-]	Zähnezahl Planet i
z_H	[-]	Zähnezahl Hohlrad	n_p	[-]	Anzahl Stufenplaneten

2.3.2 Fertigungs- und Montageabweichungen

Manufacturing and Assembly Deviations

Allgemein weisen Planetengetriebe im Vergleich zu einfachen Stirnradgetrieben einen höheren kinematischen Freiheitsgrad auf. Wird ein Planetengetriebe mit nur einem Planeten betrieben und ein Zentralelement (Sonne oder Hohlrad) oder der Planetenträger fixiert, ist die Kinematik vollständig bestimmt. Mit jedem weiteren Planeten ergibt sich ein zusätzlicher Leistungszweig, der das maximal übertragbare Drehmoment bei gleicher Baugröße erhöht. Die statische Überbestimmtheit wirkt sich jedoch in Verbindung mit Fertigungsabweichungen in Form einer ungleichmäßigen Leistungsaufteilung zwischen den verschiedenen Leistungszweigen aus. [EHRL67 S. 57]

Die Leistungsverzweigung auf mehrere Planeten steht somit im Spannungsfeld zwischen einer hohen Leistungsdichte und höchsten Anforderungen an die Fertigungsqualität. Die kinematische Überbestimmtheit lässt sich direkt auf Stufenplanetengetriebe übertragen, siehe **Bild 2-6**. Im Unterschied zu einfachen Planetengetrieben wirkt die Radialkraft der beiden Eingriffe am Stufenplaneten an unterschiedlichen Positionen, sodass zusätzlich ein Drehmoment orthogonal zur Drehachse des Stufenplaneten wirkt und weitere Verlagerungen verursachen kann.

Der Aufbau von Stufenplanetengetrieben umfasst zusätzliche Zahnräder und Lager im Vergleich zu einfachen Stirnradgetrieben. Dies hat zur Folge, dass an verschiedenen Komponenten Fertigungsabweichungen auftreten können. Lageabweichungen an den

Lagerstellen der Stufenplaneten sind exemplarisch in Bild 2-6 mittig zu sehen. Auf den Stufenplaneten bezogen können translatorische und rotatorische Verlagerungen unterschieden werden. Eine Charakterisierung der Abweichungen wird anhand des Betrages der Fehlpositionierung und des Winkels der Abweichung – in welche Richtung die Fehlpositionierung also ausgeprägt ist – vorgenommen. Bei einer Fehlpositionierung der beiden Lagerstellen eines Stufenplanetens im Planetenträger mit identischem Winkel und identischem Betrag liegt eine translatorische Verlagerung (radial: Achsabstandsänderung, tangential: Stegteilungsfehler) des Stufenplaneten vor. Sind die Beträge identisch und die Winkel entgegengesetzt, liegt eine rein rotatorische Verlagerung (radial: Neigung, tangential: Schränkung) vor [WITT94 S. 29]. Reale Abweichungen stellen somit meist eine Kombination aus einer translatorischen und einer rotatorischen Verlagerung der Stufenplaneten dar. Sind die Lagerstellen des Planetenträgers im Gehäuse fehlpositioniert, ergeben sich ähnliche Verlagerungen, wobei die Richtung der Verlagerung bei einer Rotation des Planetenträgers von untergeordnetem Interesse ist. Der Planetenträger kann, je nach Betrag und Winkellage der einzelnen Abweichungen an den Lagerstellen, entweder exzentrisch, rotatorisch oder kombiniert exzentrisch und rotatorisch verlagert sein.

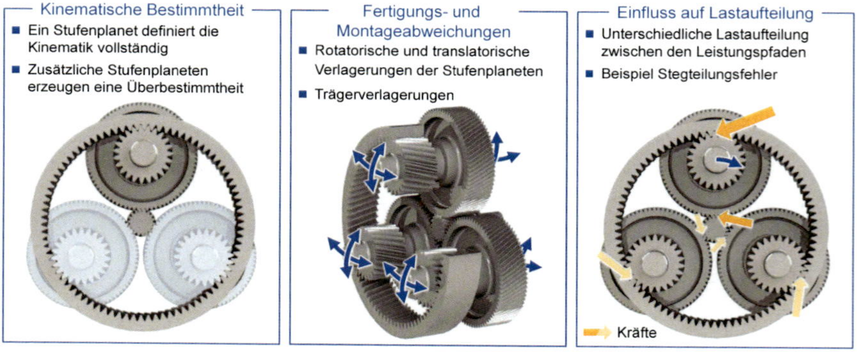

Bild 2-6: Fertigungs- und Montageabweichungen in Stufenplanetengetrieben
Manufacturing and Assembly Deviations in Stepped Planetary Gear Sets

2.3.3 Dynamisches Verlagerungsverhalten

Dynamic Misalignment Behavior

Eine Möglichkeit der kinematischen Überbestimmtheit von Planetengetrieben entgegenzuwirken ist die Reduzierung der Anbindungssteifigkeit von Zentralelementen [MUEL98 S. 241f]. Die damit zugelassene, dynamische Verlagerung ermöglicht eine Ausgleichsbewegung, sodass eine gleichmäßige Lastaufteilung zwischen den Leistungszweigen erreicht werden kann [NEUB16 S. 85f]. Durch die dynamische Verlagerung eines Zentralelements resultieren zeitvariable Kontaktbedingungen in den Zahneingriffen, die direkte Auswirkungen auf das Einsatzverhalten haben. Ähnlich veränderliche Kontaktbedingungen können bei Planetengetrieben mit Fertigungs- bzw.

Montageabweichungen auftreten [THEL18, FING20]. Bei Stufenplanetengetrieben können verschiedene Montage- bzw. Fertigungsabweichungen identifiziert werden: Exzentrizität / Taumel von Planetenrädern oder dem Sonnenrad, Schiefstellung / Exzentrizität / Taumel des Trägers, radiale / tangentiale Achslageabweichungen der Stufenplanetenwellen und die Schiefstellung / Exzentrizität des Hohlrades.

Der Einfluss von Montage- und Fertigungsabweichungen auf das Einsatzverhalten von Planetengetrieben wurde bereits in verschiedenen Arbeiten betrachtet. Aufgrund der kinematischen Ähnlichkeit und der damit begründeten theoretischen Übertragbarkeit der Erkenntnisse an Planeten- auf Stufenplanetengetriebe, werden im Folgenden verschiedene Forschungsergebnisse zusammengefasst.

SFAR untersuchte die Lastverteilung auf der Zahnflanke in Planetengetrieben mit verschiedenen Zahnflankenmodifikationen [SFAR11]. Die Lastverteilung in Breitenrichtung wurde mit DMS gemessen und zeigt eine Abhängigkeit von der Trägerposition und der Gehäuseverformung. BAUMANN zeigte mit simulativen Untersuchungen, dass das Verformungsverhalten der Komponenten von Planetengetrieben einen deutlichen Einfluss auf die Breitenlastverteilung in den Zahnkontakten hat [BAUM13]. Die Berechnung der Lastaufteilung erfolgte in einem zweidimensionalen Modell ohne Berücksichtigung der Breitenlastverteilung in den Zahnkontakten.

NEUBAUER entwickelte eine Methode zur Berechnung des statischen Verlagerungs- und Verformungsverhaltens von Planetengetrieben [NEUB16]. Die Steifigkeiten der Wellen, der Lager und der Zahneingriffe werden in einem linear-elastischen Steifigkeitssystem geschlossen zur Berechnung des Systemverhaltens verwendet. Die Steifigkeit des Planetenträgers kann mit FE-Simulationen vorberechnet und eingebunden werden. Die Verzahnungssteifigkeit wird hierbei vereinfacht als Mittelwert approximiert. Zur Untersuchung des Anregungsverhaltens wird der nichtlineare Steifigkeitsverlauf berücksichtigt. Die Verlagerungen und Zahnflankenmodifikationen werden, wie in den Arbeiten von THOMA, in die ideale Eingriffsebene des Zahnkontakts umgerechnet [THOM12]. NEUBAUER zeigte, dass die Einstellbeweglichkeit der Sonnenradwelle einen positiven Einfluss auf die Lastaufteilung hat [NEUB16]. Gleichzeitig verschlechtern sich die Kontaktbedingungen in den Zahneingriffen aufgrund der Verlagerung.

PAPIES untersuchte den Einfluss der Eingriffsfolge auf das dynamisch Anregungsverhalten von Planetengetrieben in der dynamischen Mehrkörpersimulationssoftware SIMPACK [PAPI14]. Als wesentliche Kenngröße des Anregungsverhaltens wird der Gesamtsteifigkeitsverlauf unter Berücksichtigung der phasenverschobenen Einzeleingriffe identifiziert. In dem entwickelten Simulationsmodell, mit vereinfachter Berechnung der Zahnsteifigkeit, zeigt sich, dass tangentiale Achslageabweichungen der Planetenradwelle einen signifikanten Einfluss auf das Verlagerungsverhalten der Sonnenradwelle haben.

BOGUSKI ET AL. untersuchten den Einfluss von Fertigungsabweichungen an Planetenträgern auf die Lastaufteilung und die Verlagerung der Sonnenradwelle [BOGU12]. Die Messungen zeigen, dass die Last auf einzelne Planeten aufgrund von tangentialen

Achslageabweichungen der Planetenbolzen mehr als verdoppelt werden kann. Außerdem stellten sie fest, dass mit zunehmender Abweichung der Planetenbolzenposition die Trajektorie der Sonnenradwelle verzerrt und in ihrer radialen Ausdehnung kleiner wird.

Hu et al. entwickelten eine Methode zur Berechnung der Lastaufteilung in Planetengetrieben unter Berücksichtigung der Eingriffsfolge und Fertigungs- bzw. Montageabweichungen [HU18]. Die Lage der Berührlinien wird analytisch berechnet, wobei die Verlagerung der Zahnräder vernachlässigt wird. Die berechnete Lastaufteilung bei unterschiedlichen Abweichungen verglichen sie mit den Messungen von Boguski et al. und stellen teilweise gute Übereinstimmungen fest [BOGU12, HU18]. Die Validierung der Sonnenradverlagerung für verschiedene Eingriffsfolgen ohne Fertigungs- bzw. Montageabweichungen zeigt, dass der qualitative Verlauf der Sonnenradverlagerung berechnet werden kann. Die unterschiedliche radiale Ausdehnung der Verlagerung bei verschiedenen Eingriffsfolgen stimmt nur teilweise überein. Eine Validierung der Sonnenradverlagerung unter Berücksichtigung von Abweichungen bleibt offen. Die Diskrepanzen zwischen Simulation und Messung wurden mit der fehlenden Berücksichtigung der Verformung des Planetenträgers und der Lagersteifigkeiten der Sonnenwelle und des Trägers begründet [HU18].

Quasistatische Untersuchungen zur Validierung der von Hu et al. entwickelten Berechnungsmethode wurden von Ryali et al. durchgeführt [HU18, RYAL21a]. Sie stellten ein Prüfkonzept zur zeitsynchronen Messung der Lastaufteilung, des Gesamtdrehfehlers zwischen Sonne und Träger sowie der Sonnenradverlagerung vor. Die Untersuchungen bezogen die Phasenlage der Eingriffe, tangentiale Achslageabweichungen der Planetenbolzen und Flankenmodifikationen mit ein. Die Untersuchungen zeigen, dass die Sonnenradverlagerung in ihrer Periodizität und der Anzahl geschlossener Schleifen direkt von der Phasenlage der Eingriffe beeinflusst wird. Dagegen wird die Sonnenradverlagerung nur geringfügig von der Zahnflankenmodifikation beeinflusst. Die Autoren kamen zu dem Ergebnis, dass das Anregungs- und Verlagerungsverhalten von Planetengetriebe mit Fertigungs- bzw. Montageabweichungen nur mit aufwendigen Simulationsmodellen abgebildet werden kann [RYAL21a].

In weiteren Arbeiten entwickelten Ryali et al. ein Simulationsmodell für das dynamische Anregungs- und Verlagerungsverhalten von Planetengetrieben [RYAL21b]. Dabei wird der Berechnungsansatz für die Lastverteilung in den Zahnkontakten aus den Arbeiten von Hu et al. verwendet [HU18, RYAL21b]. In diesem Modell wurde der Einfluss einer Drehzahlschwankung auf den Gesamtdrehfehler, die Zahnkraft und die Zahnflankenpressung untersucht [RYAL21b]. Eine Berücksichtigung der exakten Planetenträgergeometrie und der damit verbundenen Abbildung der lastbedingten Verformung ist in diesem Modell nicht vorgesehen.

Götz et al. untersuchten die dynamische Lastaufteilung an einem doppelschrägverzahnten Planetengetriebe mit fünf Planeten [GÖTZ22]. Sie zeigten, dass der Lastaufteilungsfaktor bei niedrigen Drehmomenten höher ist als bei höheren Lasten. Sie führten dies darauf zurück, dass Fertigungsabweichungen bei geringeren Drehmomenten eine größere Auswirkung haben und der Einfluss von Verformungen bei höheren Drehmomenten überwiegt. Bei den Untersuchungen wurden keine Fertigungs- oder Montageabweichungen gezielt vorgegeben. GU und VELEX untersuchten in einem Dynamikmodell mit drei Freiheitsgraden je Verzahnung den Einfluss einer Exzentrizität am Sonnenrad und zeigten, dass die Einstellbeweglichkeit des Sonnenrades eine positive Auswirkung auf die Lastaufteilung in Planetengetrieben hat [GU13].

MATZKE ET AL. untersuchten den Einfluss von Non-Torque-Loads auf das Verlagerungsverhalten eines Planetengetriebes einer Windenergieanlage [MATZ18]. Sie zeigten mit Messungen der Dehnung im Zahnfuß, dass die Lastverteilung in Breitenrichtung signifikant von äußeren Lasten beeinflusst wird. Mit einem Simulationsmodell in der MKS-Software SIMPACK konnten sie die Verlagerungen berechnen und validierten ihre Simulationsmethode in einer quasistatischen Zahnkontaktanalyse mit den gemessenen Zahnfußdehnungen unter Berücksichtigung der Verlagerungen.

Die verschiedenen Untersuchungen zeigen, dass Planetengetriebe und damit auch Stufenplanetengetriebe aufgrund der Lastaufteilung sensitiv auf Fertigungs- bzw. Montagabweichungen reagieren. Die Simulation des Verlagerungsverhaltens ist nur mit hochdetaillierten Modellen möglich. Die Lastverteilungen in den Zahnkontakten können nur unter Berücksichtigung der Verlagerungen vorhergesagt bzw. optimiert werden.

2.4 Fazit zum Stand der Technik

Conclusion of the State of the Art

Die Anforderungen an moderne Leistungsgetriebe steigen insbesondere hinsichtlich der Geräuschemission, der Leistungsdichte und des Wirkungsgrades. Stufenplanetengetriebe vereinen aufgrund der Leistungsverzweigung eine hohe Leistungsdichte mit einer koaxialen Bauweise. Mit einer im Vergleich zu einfachen Planetengetrieben gesteigerten maximalen Übersetzung können sie insbesondere in elektrisch angetriebenen Fahrzeugen eingesetzt werden. Die umfangreichen Untersuchungen an Planetengetrieben zeigen, dass das Einsatzverhalten infolge der kinematischen Überbestimmtheit durch die Leistungsverzweigung signifikant von Fertigungs- bzw. Montageabweichungen beeinflusst wird. Besonders hervorzuheben sind dabei Achslageabweichungen, die mit der Kinematik von Planetengetrieben zu variierenden Verlagerungen in den Zahneingriffen führen. Aufgrund der kinematischen Ähnlichkeit von Stufenplanetengetrieben ist eine ähnlich hohe Sensitivität des Einsatzverhaltens gegenüber Fertigungs- bzw. Montageabweichungen zu erwarten. Das Einsatzverhalten von Stufenplanetengetrieben wurde bisher jedoch nicht ausreichend untersucht, um eine Übertragbarkeit zu bewerten.

Zur Verzahnungsauslegung werden verbreitet Berechnungsmethoden wie die quasistatische Zahnkontaktanalyse eingesetzt. Mit FE-basierten Methoden kann in Kombination mit einer Fertigungssimulation die exakte Verzahnungsgeometrie bei der Berechnung des Einsatzverhaltens berücksichtigt werden. Mit der zunehmenden Entwicklung hochintegrierter Antriebssysteme tritt die Interaktion von Getriebestufen mit dem Gesamtsystem in den Fokus der Berechnung des Einsatzverhaltens. Die auftretenden lastbedingten Verlagerungen der Verzahnungen zeigen einen signifikanten Einfluss auf die Kontaktverhältnisse im Zahneingriff und müssen bei der Auslegung berücksichtigt werden. Die Simulation von Getriebesystemen ist mit der dynamischen Mehrkörpersimulation möglich. Im Unterschied zur quasistatischen Zahnkontaktanalyse wird der Zahnkontakt dabei in der Regel vereinfacht modelliert, da der Fokus der Untersuchungen auf der Interaktion des Gesamtsystems liegt. Die Berechnung des dynamischen Einsatzverhaltens von Stufenplanetengetrieben ist mit vorhandenen Methoden nur unter vereinfachenden Annahmen möglich. Dabei wird entweder die Zahneingriffssteifigkeit mit analytischen Methoden in der dynamischen Mehrkörpersimulation approximiert oder das dynamische Verlagerungsverhalten in der quasistatischen Zahnkontaktanalyse nicht vollständig berücksichtigt. Eine validierte Methode zur Berechnung des Einsatzverhaltens von Stufenplanetengetrieben unter Berücksichtigung des dynamischen Verlagerungsverhaltens existiert bisher nicht.

Die Makrogeometrie einer Verzahnung wird hinsichtlich verschiedener, zueinander in Konflikt stehender Ziele ausgelegt. Aufgrund des sehr großen Variantenraums, der sich aus der Kombination der Makrogeometrieparameter ergibt, werden zunehmend Optimierungsmethoden zur Auslegung eingesetzt. Bei der Auslegung der Makrogeometrie von Stufenplanetengetrieben müssen zusätzlich Montage- und Bauraumrestriktionen eingehalten werden, die die Anwendung normbasierter Auslegungsmethoden im Vergleich zu zweistufigen Getrieben mit unabhängigen Zahneingriffen einschränken.

Zur Optimierung der Kontaktverhältnisse im Zahneingriff werden Zahnflankenmodifikationen eingesetzt. Topologische Modifikationen bieten aufgrund ihrer freien Definition das größte Potenzial und können zur Optimierung des Anregungsverhaltens, der Tragfähigkeit sowie des Wirkungsgrades verwendet werden. Die Kontaktverhältnisse im Zahneingriff werden signifikant von Verlagerungen der Zahnräder beeinflusst. Bei der Auslegung von Zahnflankenmodifikationen müssen lastbedingte Verlagerungen und fertigungs- bzw. montagebedingte Positionsabweichungen berücksichtigt werden. Die bei der Auslegung von Planeten- und Stufenplanetengetrieben geforderte Einstellbeweglichkeit von Zentralelementen resultiert in einem ausgeprägten dynamischen Verlagerungsverhalten. Eine Methode zur Auslegung von topologischen Zahnflankenmodifikationen unter Berücksichtigung dieser dynamischen Verlagerungen ist bisher nicht vorhanden. Das Potenzial von topologischen Flankenmodifikationen, die mittels produktiver Herstellungsverfahren wie dem kontinuierlichen Wälzschleifen gefertigt werden können, zur Optimierung des dynamischen Einsatzverhaltens von Stufenplanetengetrieben wurde bisher nicht ausreichend untersucht.

3 Zielsetzung und Vorgehensweise

Objectives and Modus Operandi

Aktuelle Forschungsarbeiten zeigen das ausgeprägte Verlagerungsverhalten von Planeten- und Stufenplanetengetrieben, insbesondere unter Vorliegen von Fertigungs- bzw. Montageabweichungen. Die Auswirkungen des dynamischen Verlagerungsverhalten auf die Zahnkontakte in Stufenplanetengetrieben wurden bisher allerdings nicht hinreichend erforscht. Methoden zur Optimierung des Einsatzverhaltens unter Berücksichtigung von Fertigungs- bzw. Montageabweichungen mit Fokus auf den Kontaktverhältnissen in den Zahneingriffen und den Zahnflankenmodifikationen fehlen.

Das Ziel dieser Arbeit ist eine Methode zur Verzahnungsauslegung für Stufenplanetengetriebe unter Berücksichtigung von Fertigungs- und Montageabweichungen zur Optimierung des dynamischen Einsatzverhaltens. Die Forschungshypothese leitet sich wie folgt daraus ab:

These: Auswirkungen von Fertigungs- und Montageabweichungen auf das dynamische Einsatzverhalten von Stufenplanetengetrieben können mit einer gezielt ausgelegten Makrogeometrie und der Wahl der Zahnflankenmodifikationen reduziert werden.

Zur Verifikation der Forschungshypothese und Erreichung der Zielsetzung sind folgende Forschungsfragen zu beantworten:

Frage 1: Wie kann das dynamische Einsatzverhalten von abweichungsbehafteten Stufenplanetengetrieben simulativ abgebildet werden?

Frage 2: Wie kann die Makrogeometrie von Stufenplanetengetrieben einsatzgerecht ausgelegt werden?

Frage 3: Wie kann das dynamische Einsatzverhalten von abweichungsbehafteten Stufenplanetengetrieben mit gezielt ausgelegten topologischen, fertigbaren Zahnflankenmodifikationen verbessert werden?

In Kapitel 4 wird die Methode zur Berechnung von Zahnkontakten in quasistatischen und dynamischen Betriebszuständen vorgestellt. Die Gemeinsamkeiten und Unterschiede der Berechnung von einzelnen Stirnradstufen und gekoppelten Getriebesystemen wie Stufenplanetengetrieben werden herausgestellt. Die dargelegte Methode bildet die Grundlage für die Beantwortung der Forschungsfragen 1 und 2. Im Fokus steht die Integration der FE-basierten Zahnkontaktberechnung in die dynamische Mehrkörpersimulation. Folglich wird die numerische Kontaktberechnung dynamisch verlagerter Zahnräder beschrieben, bevor auf das mathematische Federmodell in der quasistatischen und dynamischen Berechnung eingegangen wird. Abschließend werden die Berechnungsergebnisse mit quasistatischen Zahnkontaktanalysen verifiziert. Die Methode erlaubt aufgrund ihrer allgemeinen Kontaktbeschreibung die Berechnung des Einsatzverhaltens verschiedenster Getriebekonfigurationen in der dynamischen Mehrkörpersimulation.

Die Inhalte von Kapitel 5 dienen zur Beantwortung von Forschungsfrage 2. Zunächst wird die Konzeption der Auslegungsmethode für die Makrogeometrie von Stufenplanetengetrieben vorgestellt, bevor im Detail auf die Geometrieberechnung eingegangen wird. Zur Optimierung der Geometrie wird einerseits ein Algorithmus zur iterativen Anpassung der Makrogeometrieparameter und andererseits die Anwendung eines neuronalen Netzes vorgeschlagen. Dabei werden Montagerestriktionen sowie Applikationsrandbedingungen berücksichtigt. Zur Auslegung werden die Kenngrößen des Einsatzverhaltens und verschiedene Betriebspunkte bei der Bewertung einbezogen.

In Kapitel 6 wird eine Methode zur Auslegung von topologischen Zahnflankenmodifikationen vorgestellt. Die Inhalte dieses Kapitels dienen zur Beantwortung der Forschungsfrage 3. Mit der Kombination der quasistatischen Zahnkontaktanalyse und der dynamischen Mehrkörpersimulation wird die Berücksichtigung dynamischer Verlagerungen und Belastungen bei der Auslegung von Zahnflankenmodifikationen ermöglicht. Hierzu wird zunächst auf die Bewertung auslegungsrelevanter Belastungen und Verlagerungen eingegangen, bevor diese für die Auslegung gegenüber dynamischen Verlagerungen robuster Zahnflankenmodifikationen zur Optimierung des Einsatzverhalten verwendet werden. Zur Sicherstellung der Fertigbarkeit werden Randbedingungen für topologische Zahnflankenmodifikationen im Wälzschleifprozess in die Optimierung integriert.

Kapitel 7 umfasst die Anwendung der zuvor beschriebenen Methoden für eine Prüfverzahnung. Die Randbedingungen der Auslegung sowie die verwendeten Simulationsmodelle werden im Detail beschrieben. Die Prüfmethodik zur Untersuchung von Stufenplanetengetrieben und Validierung der Berechnungsmethode wird in Kapitel 8 beschrieben. Die Ergebnisse der Untersuchungen werden zur Validierung und abschließenden Beantwortung der Forschungsfrage 1 verwendet.

Die wissenschaftliche Herausforderung der Arbeit besteht in der Kombination der dynamischen Mehrkörpersimulation mit der quasistatischen Zahnkontaktanalyse und der daraus resultierenden Befähigung zur Auslegung von Zahnflankenmodifikationen im dynamisch verlagerten Gesamtsystem mit Fertigungs- bzw. Montageabweichungen. Die Untersuchungen zum Anregungs- und Verlagerungsverhalten von Stufenplanetengetrieben ermöglichen ein tiefergehendes Verständnis des Einflusses von Achslageabweichungen auf das Einsatzverhalten.

Der technische Nutzen der Arbeit besteht in der Steigerung der Simulationsgüte des Einsatzverhaltens von Getriebesystemen. Mit einer validierten Auslegungsmethode für Zahnflankenmodifikationen von Stufenplanetengetrieben ist eine Verkürzung des Produktentwicklungsprozesses und die Steigerung der Produktqualität, beispielsweise für kompakte, elektrisch angetriebene Fahrzeuggetriebe, möglich. Die simulative Absicherung der Auslegung reduziert den Bedarf an Prototypen und stellt eine anwendbare Methode zur Identifikation und Festlegung kritischer Toleranzen im Gesamtsystem dar. Die reduzierten Kosten zur Auslegung und Erprobung stellen gleichzeitig das wirtschaftliche Potenzial der Arbeit heraus.

4 Berechnung von Zahnkontakten

Calculation of Gear Contacts

Methoden zur Berechnung des quasistatischen und dynamischen Einsatzverhaltens von Zahnkontakten sind die Grundlage für eine einsatzgerechte Auslegung der Makrogeometrie und der Zahnflankenmodifikationen. Im Folgenden wird eine Methode zur Berechnung von Zahnkontakten entwickelt, die eine Anwendung in der quasistatischen Zahnkontaktanalyse und in der dynamischen Mehrkörpersimulation ermöglicht. Zunächst wird die Konzeption dieser Methode vorgestellt, bevor auf die gemeinsamen und unterschiedlichen Methodenbestandteile für die beiden Berechnungsfälle im Detail eingegangen wird. Abschließend erfolgt eine Verifikation der Methode mit vorhandenen Berechnungsansätzen.

4.1 Konzeption der Berechnungsmethode

Conception of the Calculation Method

Die grundlegenden Unterschiede zwischen der Berechnung von Zahnkontakten in der quasistatischen Zahnkontaktanalyse (ZKA) und der dynamischen Mehrköpersimulation (MKS) sind die Randbedingungen und Berechnungsgrößen. Ziel der quasistatischen Berechnung ist die Bestimmung der Starrkörperverdrehung der Zahnräder als Ergebnis der Lastverteilungsrechnung unter Aufprägung eines gegebenen Drehmoments, siehe **Bild 4-1**. Weitere kinematische Größen, die zur eindeutigen Positionierung der Zahnräder notwendig sind, werden bei der Lösung des Kontaktproblems als konstant angenommen. Die Berechnung der resultierenden Drehwinkel der Zahnräder erfolgt iterativ ohne Berücksichtigung von Massenkräften.

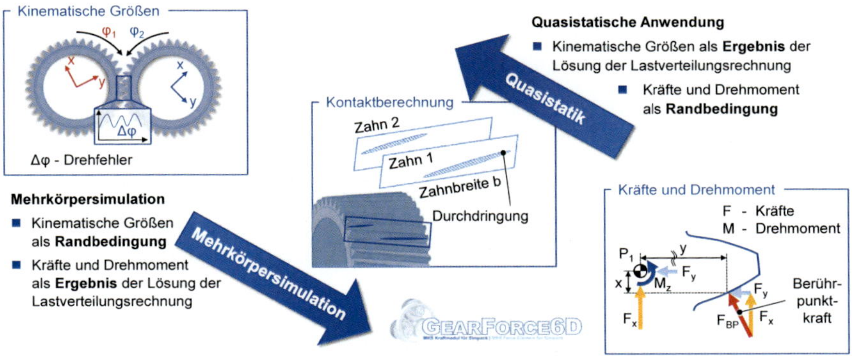

Bild 4-1: Unterschiede in der quasistatischen und der dynamischen Berechnung
Differences Between Quasi-static and Dynamic Calculations

Die elastische Mehrkörpersimulation zielt auf die iterative Berechnung der Beschleunigungen der Körper aus Bewegungsgleichungen ab, vgl. Kapitel 2.2.2. Die Geschwindigkeiten und Positionen der Körper werden durch Zeitintegration bestimmt. Im Unterschied zur quasistatischen Berechnung stellen die kinematischen Größen somit Randbedingungen an die Lösung der Kontaktberechnung im Zahneingriff dar, siehe Bild 4-1. Der Zahnkontakt wird in diesem Kontext als masseloses Kraftelement zwischen zwei Körpern abgebildet. Die Berechnung der Kräfte und Drehmomente, die auf die Körper wirken, erfolgt unter Vorgabe von kinematischen Größen der in Kontakt stehenden Zahnräder.

Die gegensinnigen Randbedingungen und Berechnungsgrößen in der quasistatischen und der dynamischen Berechnung werden in der Formulierung des mathematischen Federmodells der Lastverteilungsrechnung berücksichtigt. Die weitere Vorgehensweise zur Steifigkeits-, Kontakt- und Kenngrößenberechnung ist allgemein formulierbar, sodass diese für beide Berechnungsfälle Anwendung finden können. Diese Synergien und Schnittstellen ermöglichen eine direkte Weiterverarbeitung der unter dynamischen Betriebsbedingungen berechneten kinematischen Größen zur Optimierung der Kontaktverhältnisse mit Zahnflankenmodifikationen, siehe Kapitel 6. Im Folgenden werden die aufeinander aufbauenden Berechnungsschritte im Detail beschrieben.

4.2 Steifigkeitsberechnung

Stiffness Calculation

Die Berechnung des lokalen Verformungsverhaltens der Zahnräder erfolgt in der FE-basierten Zahnkontaktanalyse mit Finite-Elemente Modellen. Dies ermöglicht die Berücksichtigung der exakten Verzahnungsgeometrie, die mit Fertigungssimulationen prozess- und werkzeugabhängig berechnet werden kann, vgl. Kapitel 2.2.1. In dieser Arbeit werden mit der Software WZL GEARGEN und dem Programmsystem FE-STIRNRADKETTE etablierte Methoden zur Berechnung der Verzahnungsgeometrie verwendet [SCHÄ08, BRIM20]. Als Ergebnis der Geometrieberechnung liegt eine geordnete Punktewolke für eine Zahnlücke der Verzahnung vor. Zusätzlich sind die Oberflächennormalen für jeden Punkt enthalten.

Aus der Punktewolke wird das FE-Modell mit dem FE-STRUKTURGENERATOR des Programmsystems FE-STIRNRADKETTE erzeugt. Das FE-Modell besteht aus Volumenelementen des Typs HEXA8, wodurch eine direkte Zuordnung der Flankenpunkte zu den FE-Knoten möglich ist. Bei der Generierung der FE-Struktur werden Fesselungen in der Bohrung, an den Schnittflächen des Zahnradsegments und optional an Teilen der Stirnseiten definiert, siehe **Bild 4-2** links. Die Vorgabe der Einheitslasten mit F = 1 N zur Berechnung der Verschiebungseinflusszahlen erfolgt an allen FE-Knoten der aktiven Zahnflanken des mittleren Zahns des FE-Modells. Die Vorgabe kann in alle Raumrichtungen oder direkt in Richtung der Oberflächennormale erfolgen, was eine geringere Anzahl zu berechnender Lastfälle und somit einen geringeren numerischen Aufwand zur Lösung des FE-Modells zur Folge hat. Ein Lastfall bezeichnet eine Belastung, für die die Verschiebungen der FE-Knoten des gesamten FE-Modells mittels FE-Solver berechnet werden.

Zur Entkopplung der Steifigkeitsberechnung von der Kontaktberechnung hinsichtlich der Anzahl berücksichtigter Zähne ist eine Beschränkung der Berücksichtigung der Kreuzeinflusszahlen optional möglich. Die Zuordnung des Orts der Belastung zum Ort der Auswertung wird dabei anhand der relativen Zahnlage zum mittleren Zahn im FE-Modell vorgenommen, siehe Bild 4-2 rechts. Im dargestellten Beispiel wird eine Kontaktberechnung mit sieben Zähnen durchgeführt, wobei Kreuzeinflüsse nur bis zu zwei Zähne entfernt berücksichtigt werden (blauer Bereich in Bild 4-2 rechts).

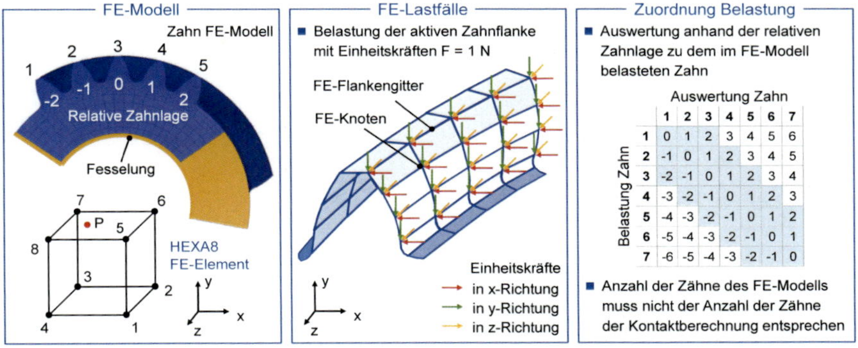

Belastung Zahn \ Auswertung Zahn	1	2	3	4	5	6	7
1	0	1	2	3	4	5	6
2	-1	0	1	2	3	4	5
3	-2	-1	0	1	2	3	4
4	-3	-2	-1	0	1	2	3
5	-4	-3	-2	-1	0	1	2
6	-5	-4	-3	-2	-1	0	1
7	-6	-5	-4	-3	-2	-1	0

Bild 4-2: FE-Modellierung zur Einflusszahlenberechnung
FE Modeling for Influence Coefficient Calculation

Die Verschiebungen werden somit unabhängig von der tatsächlichen Lage der Berührlinie berechnet und erst nach der Kontaktberechnung auf die bestimmten Berührpunkte umgerechnet. Der lineare Verschiebungsansatz der HEXA8 FE-Elemente wird zur Interpolation der Verschiebungen an den FE-Knoten auf die Berührpunkte verwendet [HEMM07 S. 53f, ZIEN13 S. 165f].

4.3 Numerische Kontaktberechnung

Numerical Contact Calculation

Eine Anforderung an die Berechnung der Kontaktabstände zwischen den Zahnflanken ist eine allgemeingültige Anwendbarkeit in der Mehrkörpersimulation und in der Zahnkontaktanalyse. Aus diesem Grund wird ein Koordinatensystem für den Zahneingriff von Stirnrädern eingeführt, das unter Berücksichtigung allgemein im Raum verlagerter Zahnräder aufgestellt werden kann. Die Zahnräder werden wiederum in einem jeweils eigenen Koordinatensystem beschrieben.

Das Eingriffskoordinatensystems ist im Ursprung des Koordinatensystems des ersten Zahnrades positioniert und übernimmt zusätzlich die Ausrichtung der z-Achse. Die y-Achse zeigt in Richtung der Projektion des Mittelpunktes des zweiten Zahnrads auf die x-y-Ebene des Koordinatensystems des ersten Zahnrads. Das Eingriffskoordinatensystem resultiert somit aus einer Rotation des Koordinatensystems des ersten Zahnrads um die z-Achse, siehe **Bild 4-3**.

Die Reihenfolge der Rotationen eines Koordinatensystems sind nicht kommutativ, sodass die verwendete Konvention der Rotationssequenz beachtet werden muss. Die Kardan-Rotation beschreibt zunächst eine Rotation um die x-Achse, gefolgt von einer Rotation um die neue y-Achse und abschließend um die neue z-Achse. Diese Rotationssequenz ist beispielhaft rechts in Bild 4-3 mit den entsprechenden Rotationsmatrizen dargestellt. Die mathematische Beschreibung der Gesamtrotation wird in **Gleichung (4-1)** zusammengefasst.

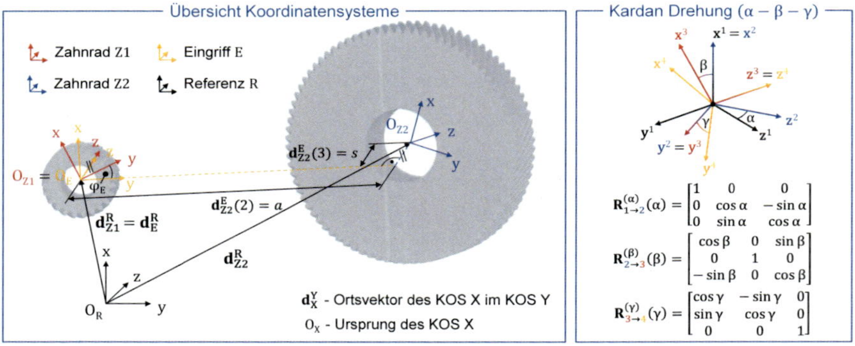

Bild 4-3: Koordinatensysteme verlagerter Verzahnungen
Coordinate Systems of Misaligned Gears

Die Transformation zwischen den verschiedenen Koordinatensystemen wird mit homogenen Transformationsmatrizen durchgeführt. Diese beschreiben eine Rotation und eine Translation im Ursprungskoordinatensystem in einer 4x4 Matrix. Die Transformationsmatrix $\mathbf{T}_{Z1\to R}$ zwischen dem lokalen Koordinatensystem des ersten Zahnrads $Z1$ und dem Referenzkoordinatensystem R setzt sich nach **Gleichung (4-2)** aus der entsprechenden Rotationsmatrix $\mathbf{R}_{Z1\to R}$ und dem Ortsvektor $\mathbf{d}_{Z1}^{R}$ des Koordinatensystems $Z1$ im Referenzkoordinatensystem R zusammen. Die entsprechende Transformationsmatrix $\mathbf{T}_{Z2\to R}$ für das zweite Zahnrad wird durch **Gleichung (4-3)** definiert.

$$\boldsymbol{R}_{1\to4}^{(\alpha-\beta-\gamma)}(\alpha,\beta,\gamma) = \boldsymbol{R}_{1\to2}^{(\alpha)}(\alpha)\cdot\boldsymbol{R}_{2\to3}^{(\beta)}(\beta)\cdot\boldsymbol{R}_{3\to4}^{(\gamma)}(\gamma)$$
$$= \begin{bmatrix} \cos\beta\cos\gamma & -\cos\beta\sin\gamma & \sin\beta \\ \cos\alpha\sin\gamma + \sin\alpha\sin\beta\cos\gamma & \cos\alpha\cos\gamma - \sin\alpha\sin\beta\sin\gamma & -\sin\alpha\cos\beta \\ \sin\alpha\sin\gamma - \cos\alpha\sin\beta\cos\gamma & \sin\alpha\cos\gamma + \cos\alpha\sin\beta\sin\gamma & \cos\alpha\cos\beta \end{bmatrix} \quad (4\text{-}1)$$

$$\boldsymbol{T}_{Z1\to R} = \begin{bmatrix} \boldsymbol{R}_{Z1\to R} & \boldsymbol{d}_{Z1}^{R} \\ \boldsymbol{0}^T & 1 \end{bmatrix} \quad (4\text{-}2)$$

$$\boldsymbol{T}_{Z2\to R} = \begin{bmatrix} \boldsymbol{R}_{Z2\to R} & \boldsymbol{d}_{Z2}^{R} \\ \boldsymbol{0}^T & 1 \end{bmatrix} \quad (4\text{-}3)$$

$\boldsymbol{R}$	[-]	Rotationsmatrix 3x3	α,β,γ	[rad]	Rotationswinkel
$\boldsymbol{T}$	[-]	Transformationsmatrix 4x4	$\boldsymbol{d}$	[mm]	Ortsvektor

Eine Rücktransformierung wird durch die Invertierung der Transformationsmatrix beschrieben. Die Transformation zwischen den Zahnradkoordinatensystemen $\mathrm{Z1}$ und $\mathrm{Z2}$ erfolgt somit in Form einer verketteten Transformation von $\mathrm{Z2}$ in R und von R in $\mathrm{Z1}$ nach **Gleichung (4-4)**. Die entsprechende Transformationsmatrix $\mathbf{T}_{\mathrm{Z2}\rightarrow\mathrm{Z1}}$ enthält den Ortsvektor $\mathbf{d}_{\mathrm{Z2}}^{\mathrm{Z1}}$ des Koordinatensystems $\mathrm{Z2}$ beschrieben im Koordinatensystem $\mathrm{Z1}$. Aus diesem Vektor können die Koordinaten der Projektion des Mittelpunkts des zweiten Zahnrads in die x-y Ebene des ersten Zahnrads direkt entnommen und zur Berechnung des Rotationswinkels θ_E zwischen dem Eingriffskoordinatensystems E und dem Koordinatensystem $\mathrm{Z1}$ verwendet werden, siehe **Gleichung (4-5)**.

$$\boldsymbol{T}_{Z2\rightarrow Z1} = \boldsymbol{T}_{R\rightarrow Z1} \cdot \boldsymbol{T}_{Z2\rightarrow R} = \boldsymbol{T}_{Z1\rightarrow R}{}^{-1} \cdot \boldsymbol{T}_{Z2\rightarrow R} \tag{4-4}$$

$$\theta_E = atan2(\boldsymbol{d}_{Z2}^{Z1}(2), \boldsymbol{d}_{Z2}^{Z1}(1)) - \frac{\pi}{2} = atan2(\boldsymbol{T}_{Z2\rightarrow Z1}(2{,}4), \boldsymbol{T}_{Z2\rightarrow Z1}(1{,}4)) - \frac{\pi}{2} \tag{4-5}$$

$\boldsymbol{T}$	[-]	Transformationsmatrix 4x4	θ_E	[rad]	Rotationswinkel Eingriff
$\boldsymbol{d}$	[mm]	Ortsvektor			

Die Rotation zwischen den Koordinatensystemen $\mathrm{Z1}$ und E entspricht einer Rotation um die z-Achse, deren Zusammenhang in **Gleichung (4-6)** gegeben ist. Die Rotationsmatrix $\mathbf{R}_{\mathrm{Z1}\rightarrow\mathrm{E}}$ beschreibt entsprechend die Rückrotation und wird mit einem Nullvektor $\mathbf{0}$ zur Transformationsmatrix $\mathbf{T}_{\mathrm{Z1}\rightarrow\mathrm{E}}$ erweitert, da der Ursprung der Koordinatensysteme $\mathrm{Z1}$ und E identisch ist, siehe **Gleichung (4-7)**. Mit einer Verkettung der vorliegenden Transformationsmatrizen ist nach **Gleichung (4-8)** zusätzlich die Transformationsmatrix zwischen den Koordinatensystemen $\mathrm{Z2}$ und E bekannt.

$$\boldsymbol{R}_{Z1\rightarrow E} = \boldsymbol{R}_{E\rightarrow Z1}{}^{-1} = \begin{bmatrix} \cos\theta_E & -\sin\theta_E & 0 \\ \sin\theta_E & \cos\theta_E & 0 \\ 0 & 0 & 1 \end{bmatrix}^{-1} = \begin{bmatrix} \cos\theta_E & \sin\theta_E & 0 \\ -\sin\theta_E & \cos\theta_E & 0 \\ 0 & 0 & 1 \end{bmatrix} \tag{4-6}$$

$$\boldsymbol{T}_{Z1\rightarrow E} = \begin{bmatrix} \boldsymbol{R}_{Z1\rightarrow E} & \boldsymbol{0} \\ \boldsymbol{0}^T & 1 \end{bmatrix} \tag{4-7}$$

$$\boldsymbol{T}_{Z2\rightarrow E} = \boldsymbol{T}_{Z1\rightarrow E} \cdot \boldsymbol{T}_{Z2\rightarrow Z1} \tag{4-8}$$

$\boldsymbol{R}$	[-]	Rotationsmatrix 3x3	θ_E	[rad]	Rotationswinkel Eingriff
$\boldsymbol{T}$	[-]	Transformationsmatrix 4x4			

Die beschriebenen Transformationen zwischen den Koordinatensystemen können sowohl in der Mehrkörpersimulation zur Bestimmung von Eingriffsgrößen als auch in der Zahnkontaktanalyse zur Positionierung der Punktewolken für die numerische Kontaktberechnung verwendet werden. In der Mehrkörpersimulation besteht in der Regel softwareseitig die Möglichkeit der Berechnung der Kardan-Winkel zwischen zwei Koordinatensystemen. Werden die entsprechenden Winkel und Positionen für zwei verlagerte Zahnräder bestimmt, können anhand der beschriebenen Vorgehensweise die Transformationsmatrizen $\mathbf{T}_{\mathrm{Z1}\rightarrow\mathrm{E}}$ und $\mathbf{T}_{\mathrm{Z2}\rightarrow\mathrm{E}}$ berechnet werden.

Die Transformationsmatrix $\mathbf{T}_{Z2 \rightarrow E}$ enthält nach **Gleichung (4-9)** den Achsabstand a und nach **Gleichung (4-10)** den Seitenversatz des zweiten Zahnrads. Die Rotationswinkel um die jeweilige Hauptrotationsachse $\mathbf{z}$ der beiden Zahnräder können nach den **Gleichungen (4-11)** und **(4-12)** aus den Transformationsmatrizen $\mathbf{T}_{Z1 \rightarrow E}$ und $\mathbf{T}_{Z2 \rightarrow E}$ bestimmt werden. Da das Eingriffskoordinatensystem E die gleiche z-Achse wie das Koordinatensystem $\mathrm{Z1}$ des ersten Zahnrads verwendet, siehe Bild 4-3, sind keine Rotationen um die x- und die y-Achse des ersten Zahnrads vorhanden. Die Rotationen des zweiten Zahnrads um die x-Achse (Neigung) und die y-Achse (Schränkung) werden nach den **Gleichungen (4-13)** und **(4-14)** bestimmt.

$$a = \boldsymbol{d}_{Z2}^{E}(2) = \boldsymbol{T}_{Z2 \rightarrow E}(4{,}2) \tag{4-9}$$

$$s = \boldsymbol{d}_{Z2}^{E}(3) = \boldsymbol{T}_{Z2 \rightarrow E}(4{,}3) \tag{4-10}$$

$$\varphi_{\gamma,1} = -atan2\left(\frac{\boldsymbol{T}_{Z1 \rightarrow E}(1{,}2)}{\boldsymbol{T}_{Z1 \rightarrow E}(1{,}1)}\right) \tag{4-11}$$

$$\varphi_{\gamma,2} = -atan2\left(\frac{\boldsymbol{T}_{Z2 \rightarrow E}(1{,}2)}{\boldsymbol{T}_{Z2 \rightarrow E}(1{,}1)}\right) \tag{4-12}$$

$$\varphi_{\alpha,2} = -atan2\left(\frac{\boldsymbol{T}_{Z2 \rightarrow E}(2{,}3)}{\boldsymbol{T}_{Z2 \rightarrow E}(3{,}3)}\right) \tag{4-13}$$

$$\varphi_{\beta,2} = asin(\boldsymbol{T}_{Z2 \rightarrow E}(1{,}3)) \tag{4-14}$$

a	[mm]	Achsabstand	s	[mm]	Seitenversatz
$\varphi_{\gamma,1}$	[rad]	Rotation Hauptachse Rad 1	$\varphi_{\gamma,2}$	[rad]	Rotation Hauptachse Rad 2
$\varphi_{\alpha,2}$	[rad]	Neigung Rad 2	$\varphi_{\beta,2}$	[rad]	Schränkung Rad 2
$\boldsymbol{T}$	[-]	Transformationsmatrix 4x4	$\boldsymbol{d}$	[mm]	Ortsvektor

Zur Berechnung des Zahneingriffs in der Zahnkontaktanalyse ist eine Positionierung der Zahnflanken anhand vorgegebener geometrischer Eingriffsgrößen für die numerische Kontaktberechnung notwendig. Die in den Gleichungen (4-9) bis (4-14) beschriebenen Zusammenhänge der Transformationsmatrizen $\mathbf{T}_{Z1 \rightarrow E}$ und $\mathbf{T}_{Z2 \rightarrow E}$ mit den geometrischen Eingriffsgrößen können für diese Anwendung ebenfalls genutzt werden.

Die Rotationsmatrix $\mathbf{R}_{Z1 \rightarrow E}$ wird nach Gleichung (4-1) unter Vorgabe des Drehwinkels von Rad 1 $\varphi_{\gamma,1}$ aufgestellt, siehe **Gleichung (4-15)**. Der Vektor $\mathbf{d}_{Z1}^{R}$ entspricht dem Nullvektor $\mathbf{0}$, da der Ursprung der Koordinatensysteme identisch ist. Die Rotationsmatrix $\mathbf{R}_{Z2 \rightarrow E}$ wird unter Berücksichtigung des Neigungs- und Schränkungswinkels des zweiten Zahnrades nach **Gleichung (4-16)** berechnet. Der Ortsvektor $\mathbf{d}_{Z2}^{E}$ wird unter Vorgabe des Achsabstands a und des Seitenversatzes s nach **Gleichung (4-17)** aufgestellt und zur Bildung der Transformationsmatrix $\mathbf{T}_{Z2 \rightarrow E}$ verwendet. Der Ortsvektor $\mathbf{d}_{Z2}^{E}$ beschreibt eine Translation des Ursprungs des Koordinatensystems $\mathrm{Z2}$ in dem Koordinatensystem E.

$$\boldsymbol{R}_{Z1\rightarrow E} = \boldsymbol{R}_{1\rightarrow 4}^{(\alpha-\beta-\gamma)}(\alpha = 0, \beta = 0, \gamma = \varphi_{\gamma,1}) \tag{4-15}$$

$$\boldsymbol{R}_{Z2\rightarrow E} = \boldsymbol{R}_{1\rightarrow 4}^{(\alpha-\beta-\gamma)}(\alpha = \varphi_{\alpha,2}, \beta = \varphi_{\beta,2}, \gamma = \varphi_{\gamma,2}) \tag{4-16}$$

$$\boldsymbol{d}_{Z2}^{E} = \begin{bmatrix} 0 \\ a \\ s \end{bmatrix} \tag{4-17}$$

$\boldsymbol{R}$	[-]	Rotationsmatrix 3x3	α, β, γ	[rad]	Rotationswinkel
$\varphi_{\gamma,1}$	[rad]	Rotation Hauptachse Rad 1	$\varphi_{\gamma,2}$	[rad]	Rotation Hauptachse Rad 2
$\varphi_{\alpha,2}$	[rad]	Neigung Rad 2	$\varphi_{\beta,2}$	[rad]	Schränkung Rad 2
$\boldsymbol{d}$	[mm]	Ortsvektor			

Die Zahnflanken der in Kontakt stehenden Zahnräder liegen nach der Transformation mit den Matrizen $\mathbf{T}_{Z1\rightarrow E}$ bzw. $\mathbf{T}_{Z2\rightarrow E}$ in dem Eingriffskoordinatensystem E vor, siehe **Gleichung (4-18)**. Die Punktvektoren der Zahnflanken werden mit einer 1 zu einem 4x1 Vektor erweitert, wohingegen Normalenvektoren mit einer 0 erweitert werden, da diese nicht translatorisch transformiert werden dürfen. Zur Berechnung der Kontaktabstände zwischen den Zahnflanken wird ein Wechsel des Koordinatensystems von kartesischen Koordinaten zu zylindrischen Koordinaten vorgenommen. Die Umrechnung erfolgt nach **Gleichung (4-19)**. Der Ursprung des Zylinderkoordinatensystems bleibt unverändert im Ursprung des Eingriffskoordinatensystems, im Mittelpunkt von Zahnrad 1. Das Zylinderkoordinatensystem ist anhand eines Punktes auf der Zahnflanke von Zahnrad 1 in **Bild 4-4** links dargestellt.

$$\boldsymbol{p}^{E} = \boldsymbol{T}_{Z1/2\rightarrow E} \cdot \boldsymbol{p}^{Z1/2} = \begin{bmatrix} p_x \\ p_y \\ p_z \\ 1 \end{bmatrix} \text{ bzw. } \boldsymbol{n}^{E} = \boldsymbol{T}_{Z1/2\rightarrow E} \cdot \boldsymbol{n}^{Z1/2} = \begin{bmatrix} n_x \\ n_y \\ n_z \\ 0 \end{bmatrix} \tag{4-18}$$

$$\begin{bmatrix} p_\varphi \\ p_r \\ p_z \end{bmatrix} = \begin{bmatrix} atan\left(\frac{p_x}{p_y}\right) \\ \sqrt{{p_x}^2 + {p_y}^2} \\ p_z \end{bmatrix} \tag{4-19}$$

$\boldsymbol{p}^i$	[-]	Ortsvektor Punkt p in KOS i	$\boldsymbol{T}$	[-]	Transformationsmatrix 4x4
$p_{x/y/z}$	[mm]	Koordinaten Punkt p	$\boldsymbol{n}^i$	[-]	Normalenvektor n in KOS i
$n_{x/y/z}$	[-]	Richtungsanteile Normalenvektor n	$p_{\varphi/r/z}$	[rad, mm, mm]	Koordinaten Punkt p in zylindrischem Koordinatensystem

Die Beschreibung beider Zahnräder im selben Zylinderkoordinatensystem ermöglicht eine direkte Berechnung der Kontaktabstände in Form von Differenzdrehwinkeln. Die Berechnung erfolgt für alle Punkte der diskretisierte Zahnflanke von Zahnrad 1. Zunächst wird dabei der Punkt auf der Zahnflanke von Zahnrad 2 mit dem geringsten euklidischen Abstand in der r-z-Ebene zum aktuellen Punkt auf der Zahnflanke von Zahnrad 1 identifiziert. Unter Berücksichtigung der Gitterknotennotation sind auch die umliegenden Punkte auf der Gegenflanke bekannt und können zur Interpolation des lokalen Kontaktabstandes verwendet werden, siehe Bild 4-4 mittig.

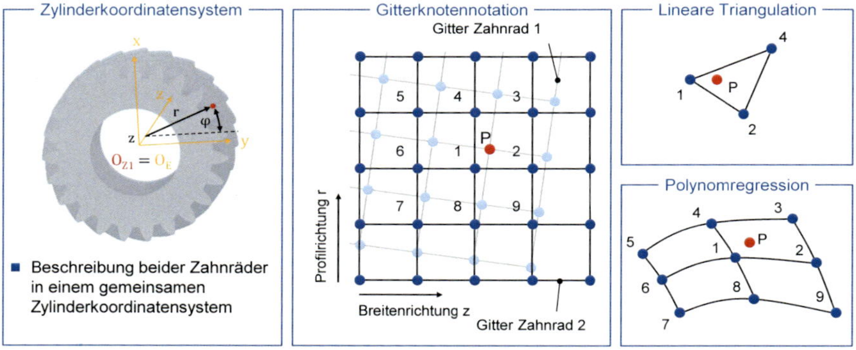

Bild 4-4: Numerische Kontaktabstandsberechnung
Numerical Contact Distance Calculation

Die einfachste Art der Interpolation im dreidimensionalen Raum stellt die lineare Triangulation dar. Dabei wird eine Ebene aus den drei umliegenden Punkten erstellt, woraufhin anhand der Ebenengleichung die p_{φ}-Koordinate aus der p_r- und p_z-Koordinate berechnet wird. Die lineare Triangulation ist numerisch wenig aufwändig, hat jedoch den Nachteil, dass eine Facettierung der Oberfläche auftritt, da keine Krümmung berücksichtigt wird. Diesem Nachteil kann mit einer Polynomregression entgegnet werden, die in dieser Arbeit verwendet wird. Dazu wird ein Gleichungssystem aus neun Gleichungen und neun Unbekannten zur lokalen Regression aufgestellt, wobei konstante, lineare und quadratische Regressionsterme der p_r- und p_z-Koordinaten sowie deren Kombinationen berücksichtigt werden. Zur Bestimmung der Regressionskoeffizienten werden die neun nächsten Knotenpunkte um den gesuchten Punkt verwendet, siehe Bild 4-4 rechts. Die Berechnung der Kontaktabstände in Richtung der Normalen der ersten Zahnflanke erfolgt durch Projektion der an den Gitterknotenpunkten berechneten Differenzwinkel zwischen den beiden Zahnflanken auf die Normalen der ersten Zahnflanke im kartesischen Koordinatensystem. Mit den berechneten Kontaktabständen ist die Aufstellung des mathematischen Federmodells in Form eines Flächenkontaktansatzes möglich. Zur Reduzierung des numerischen Aufwands der Lastverteilungsrechnung ist die Anwendung eines Linienkontaktansatzes zielführend. Hierzu ist die Bestimmung einer Kontaktlinie notwendig, deren Stützpunkte nicht notwendigerweise auf Gitterknoten liegen. Aufbauend auf den berechneten Kontaktabständen wird aus diesem Grund ein quadratischer Polynomansatz zur Beschreibung der Kontaktabstände einer Profillinie angewendet. Dabei werden die drei Punkte mit dem geringsten Kontaktabstand zur Aufstellung einer quadratischen Funktion herangezogen. Anschließend wird die Position des Minimums der Funktion bestimmt und als Stützpunkt für die Kontaktlinie verwendet. Das Vorgehen zur Bestimmung der Kontaktlinie ist in **Bild 4-5** dargestellt.

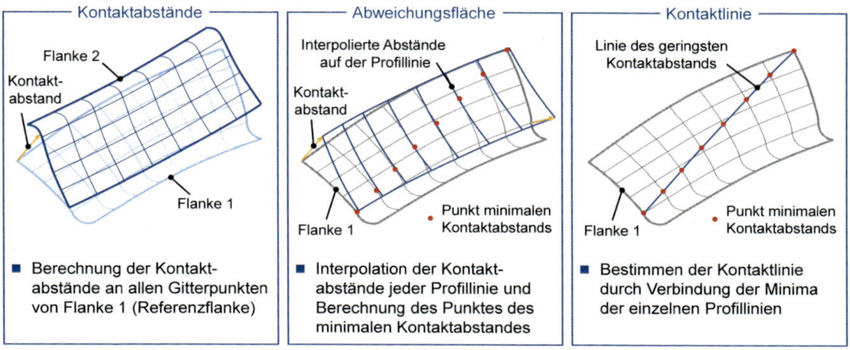

Bild 4-5: Berechnung der Kontaktlinie
Calculation of the Contact Line

4.4 Lastverteilungsrechnung

Load Distribution Calculation

Die zur Berechnung der Kenngrößen des Einsatzverhaltens notwendige Information über die lokal zu jeder Wälzstellung angreifenden Kräfte im Zahnkontakt werden bei der Lastverteilungsrechnung iterativ ermittelt. Grundlage ist das mathematische Federmodell, das als Eingaben die zuvor berechneten Steifigkeiten und Kontaktabstände benötigt. Wie in Kapitel 4.1 beschrieben, unterscheidet sich die quasistatische von der dynamischen Berechnung der Lastverteilung in Form der Randbedingungen und der Zielgrößen. Zusätzlich ist die Erweiterung des mathematischen Federmodells um mehrere Eingriffe zur geschlossenen Lösung gekoppelter Eingriffe notwendig. Demzufolge sind mehrere Kombinationen möglich, die im Folgenden genauer beschrieben werden.

4.4.1 Stirnradstufen in quasistatischen Betriebszuständen

Cylindrical Gear Stages

Die quasistatische Berechnung einer Stirnradstufe stellt den klassischen Anwendungsfall einer Zahnkontaktanalyse dar. Das mathematische Federmodell für einstufige Stirnradgetriebe wird umfassend von NEUPERT beschrieben [NEUP83]. Das lineare **Gleichungssystem (4-20)** beschreibt den mathematischen Zusammenhang des Federmodells mit n Berührpunkten unter Vernachlässigung der Geometriefunktion H, die ein Verhältnis zwischen der Richtung der Starrkörperverschiebung und der Richtung der Kontaktpunktnormalen darstellt. Die Summe der superpositionierten Verschiebungen an einem Berührpunkt aufgrund der an allen Punkten angreifenden Kräfte f muss zusammen mit dem Kontaktabstand δ an diesem Punkt der Starrkörperverschiebung s entsprechen. Die Starrkörperverschiebung s stellt den translatorischen Drehfehler in Richtung der Eingriffslinie dar und muss für alle Berührpunkte identisch sein, siehe **Gleichung (4-21)**. Die Summe aller Berührpunktkräfte f_i entspricht der drehmomentbildenden Tangentialkraft F_t, siehe **Gleichung (4-22)**.

Die Lösung des Gleichungssystems unter den beschriebenen Randbedingungen muss iterativ erfolgen, da negative Berührpunktkräfte bei der Lösung nicht ausgeschlossen werden können. Diese negativen Kräfte stellen physikalisch nicht sinnvolle Zugkräfte auf der Zahnflanke dar und werden iterativ eliminiert, indem der betreffende Berührpunkt aus dem Gleichungssystem entfernt wird. Zur Formulierung eines linearen Gleichungssystems der Form $A \cdot x = b$ wird zunächst angenommen, dass der Berührpunkt mit dem kleinsten Kontaktabstand eine positive Kraft überträgt und somit nicht zu eliminieren ist. Mit dieser in **Gleichung (4-23)** beschriebenen Randbedingungen wird das Federmodell auf diesen Punkt bezogen und das Gleichungssystem (4-20) umgeformt, sodass **Gleichungssystem (4-24)** resultiert.

$$\begin{bmatrix} s_1 \\ \vdots \\ s_n \end{bmatrix} = \begin{bmatrix} \alpha_{1,1} & \cdots & \alpha_{1,n} \\ \vdots & \ddots & \vdots \\ \alpha_{n,1} & \cdots & \alpha_{n,n} \end{bmatrix} \cdot \begin{bmatrix} f_1 \\ \vdots \\ f_n \end{bmatrix} + \begin{bmatrix} \delta_1 \\ \vdots \\ \delta_n \end{bmatrix} \tag{4-20}$$

$$s_i = s = const. \qquad \forall\, i \in \{1, n\} \tag{4-21}$$

$$F_t = \sum_{i=1}^{n} f_i \tag{4-22}$$

$$\delta_m = min(\delta_i) \qquad mit\ i \in \{1, n\} \tag{4-23}$$

$$\begin{bmatrix} \alpha_{1,1} - \alpha_{m,1} & \cdots & \alpha_{1,n} - \alpha_{m,n} \\ \vdots & \ddots & \vdots \\ \alpha_{m-1,1} - \alpha_{m,1} & \cdots & \alpha_{m-1,n} - \alpha_{m,n} \\ \alpha_{m+1,1} - \alpha_{m,1} & \cdots & \alpha_{m+1,n} - \alpha_{m,n} \\ \vdots & \ddots & \vdots \\ \alpha_{n,1} - \alpha_{m,1} & \cdots & \alpha_{n,n} - \alpha_{m,n} \\ 1 & \cdots & 1 \end{bmatrix} \cdot \begin{bmatrix} f_1 \\ \vdots \\ f_{m-1} \\ f_m \\ f_{m+1} \\ \vdots \\ f_n \end{bmatrix} = \begin{bmatrix} \delta_m - \delta_1 \\ \vdots \\ \delta_m - \delta_{m-1} \\ \delta_m - \delta_{m+1} \\ \vdots \\ \delta_m - \delta_n \\ F_t \end{bmatrix} \tag{4-24}$$

s_i	[µm]	Starrkörperverschiebung an Punkt i	$\alpha_{i,j}$	[µm/N]	Verschiebungseinflusszahl an Punkt i aufgrund einer Last an Punkt j
f_j	[N]	Kraft an Punkt j	δ_i	[µm]	Kontaktabstand an Punkt i
s	[µm]	Starrkörperverschiebung im Eingriff	F_t	[N]	Tangentialkraft

Die Lastverteilungsrechnung ist unabhängig von der Art der Kontaktberechnung (Flächen- oder Linienkontakt). Zusätzlich ist neben der beschriebenen translatorischen Formulierung des Federmodells eine rotatorische Formulierung möglich. Bei dieser beschreibt die Geometriefunktion H den Zusammenhang des drehmomentgenerierenden Tangentialrichtungsanteils des Normalenvektors mit dem Radius des Berührpunktes, sodass nach der Multiplikation mit der lokalen Berührpunktkraft ein anteiliges Drehmoment anstelle einer Kraft resultiert. Die beiden Formulierungen sind gleichwertig und ineinander überführbar.

4.4.2 Stufenplanetengetriebe in quasistatischen Betriebszuständen

Stepped Planetary Gear Stages in Quasi-Static Operation

Die Berechnung gekoppelter Systeme, wie Planeten- oder Stufenplanetengetriebe, erfordert die Berücksichtigung weiterer Randbedingungen, die sich beispielsweise aus der Kinematik ergeben. Das lineare Gleichungssystem wird aus diesem Grund erweitert und mit Hilfe von Zwischengrößen eindeutig lösbar. Die kinematische Kopplung der Sonne-Planet 1 Eingriffe ist in **Gleichung (4-25)** beschrieben. Die Drehwinkel dürfen sich demnach übersetzungsbereinigt nur um aufgrund der Starrkörperverschiebung im Eingriff unterscheiden. Der gleiche Zusammenhang ist für die Planet 2-Hohlrad Eingriffe in **Gleichung (4-26)** beschrieben. Die Drehwinkel der beiden Planeten eines Stufenplanetens müssen identisch sein, da eine starre Kopplung angenommen wird, siehe **Gleichung (4-27)**.

$$\varphi_S \cdot r_{b,S} = \varphi_{P1,i} \cdot r_{b,P1,i} + s_{SP1,i} \quad \forall\, i \in \{1, n_p\} \tag{4-25}$$

$$\varphi_{P2,i} \cdot r_{b,P2,i} = \varphi_H \cdot r_{b,H} + s_{HP2,i} \quad \forall\, i \in \{1, n_p\} \tag{4-26}$$

$$\varphi_{P1,i} = \varphi_{P2,i} \quad \forall\, i \in \{1, n_p\} \tag{4-27}$$

φ	[rad]	Drehwinkel	r_b	[mm]	Grundkreisradius
s	[µm]	Starrkörperverschiebung im Eingriff	n_p	[-]	Anzahl Stufenplaneten

Als Zwischengröße wird die drehmomenterzeugende Kraft in den Sonne-Planet 1 Eingriffen F_{SP1} und in den Planet 2-Hohlrad Eingriffen F_{HP2} eingeführt. Zur Berechnung wird die Geometriefunktion H in den Eingriffen verwendet, sodass die Summe der drehmomenterzeugenden Anteile der lokalen Berührpunktkräfte f resultiert, siehe **Gleichungen (4-28)** bis **(4-31)**. An den Stufenplanetenwellen muss ein Drehmomentgleichgewicht der beiden Planeten vorliegen, woraus **Gleichung (4-32)** resultiert.

$$F_{SP1,i} = \sum_{j=1}^{n_{BP}} f_{SP1,i,j} \cdot H_{SP1} \quad \forall\, i \in \{1, n_p\} \tag{4-28}$$

$$H_{SP1} = \cos \beta_{b,S} \tag{4-29}$$

$$F_{HP2,i} = \sum_{j=1}^{n_{BP}} f_{HP2,i,j} \cdot H_{HP2} \quad \forall\, i \in \{1, n_p\} \tag{4-30}$$

$$H_{HP2} = \cos \beta_{b,H} \tag{4-31}$$

$$F_{SP1,i} \cdot r_{b,P1,i} = F_{HP2,i} \cdot r_{b,P2,i} \quad \forall\, i \in \{1, n_p\} \tag{4-32}$$

$F_{SP1,i}$	[N]	Drehmomenterzeugende Kraft im i-ten Sonne-Planet 1 Eingriff	$f_{SP1,i,j}$	[N]	Kraft an Berührpunkt j im i-ten Sonne-Planet 1 Eingriff
H	[-]	Geometriefunktion	β_b	[rad]	Grundkreisschrägungswinkel
$F_{HP2,i}$	[N]	Drehmomenterzeugende Kraft im i-ten Planet 2-Hohlrad Eingriff	$f_{HP2,i,j}$	[N]	Kraft an Berührpunkt j im i-ten Planet 2-Hohlrad Eingriff

An der Sonne werden die angreifenden Kräfte $F_{SP1,i}$ unter Berücksichtigung des Grundkreisdurchmessers $r_{b,S}$ zu einem Drehmoment summiert. Die Summe entspricht dem zur Lösung vorgegebenen Sonnendrehmoment T_S, siehe **Gleichung (4-33)**. Als weitere Randbedingung zur Lösung des Gleichungssystems wird der Drehwinkel der Sonne $\varphi_S = 0$ gesetzt. Schließlich werden die in Gleichung (4-20) beschriebenen Zusammenhänge zur Berücksichtigung des Steifigkeitsverhaltens der Zahnkontakte für die Sonne-Planet 1 Eingriffe und die Planet 2-Hohlrad Eingriffe ergänzt, siehe **Gleichungen (4-34)** und **(4-35)**.

$$\sum_{i=1}^{n_p} F_{SP1,i} \cdot r_{b,S} = T_S \tag{4-33}$$

$$s_{SP1,i} + \sum_{k=1}^{n_{BP,i}} \alpha_{SP1,i,j,k} \cdot f_{SP1,i,k} = \delta_{SP1,i,j} \quad \forall\, j \in \{1, n_{BP,i}\} \quad \forall\, i \in \{1, n_p\} \tag{4-34}$$

$$s_{HP2,i} + \sum_{k=1}^{n_{BP,i}} \alpha_{HP2,i,j,k} \cdot f_{HP2,i,k} = \delta_{HP2,i,j} \quad \forall\, j \in \{1, n_{BP,i}\} \quad \forall\, i \in \{1, n_p\} \tag{4-35}$$

$F_{SP1,i}$	[N]	Drehmomenterzeugende Kraft im i-ten Sonne-Planet 1 Eingriff	r_b	[mm]	Grundkreisradius
T_S	[Nmm]	Drehmoment an der Sonne	$s_{SP1,i}$	[µm]	Starrkörperverschiebung am i-ten Sonne-Planet 1 Eingriff
$n_{BP,i}$	[-]	Anzahl Berührpunkte im i-ten Eingriff	$\alpha_{SP1,i,j,k}$	[µm/N]	Verschiebungseinflusszahl im i-ten Sonne-Planet 1 Eingriff an Punkt j aufgrund einer Last an Punkt k
$f_{SP1,i,k}$	[N]	Kraft an Berührpunkt k im i-ten Sonne-Planet 1 Eingriff	$\delta_{SP1,i,j}$	[µm]	Kontaktabstand an Punkt j im i-ten Sonne-Planet 1 Eingriff

Formelzeichen analog in den Planet 2-Hohlrad Eingriffen mit Indize $_{HP2}$

Die zuvor beschriebenen Gleichungen werden in ein lineares Gleichungssystem zusammengeführt, siehe **Bild 4-6** links. Eine detaillierte Beschreibung des Gleichungssystems ist im Anhang zu finden, siehe **Bild 11-1**. Das mathematische Gleichungssystem wird für jede Wälzstellung individuell anhand der in Kontakt stehenden Berührpunkte aufgestellt. Bei Stufenplanetengetrieben ist demnach auch die Phasenverschiebung zwischen den Eingriffen zu berücksichtigen. In dieser Arbeit wird für die quasistatische Berechnung von Stufenplanetengetrieben keine numerische Berechnung der Kontaktabstände unter Berücksichtigung der Kinematik von Stufenplanetengetrieben vorgenommen. Vielmehr erfolgt die Berechnung der Kontaktpunkte zu einer Wälzstellung des gesamten Stufenplanetengetriebes auf Grundlage der phasenverschobenen Positionen in den jeweiligen Eingriffsfeldern. Dies hat zur Folge, dass die aufwendige numerische Berechnung der Kontaktabstände nicht durchgeführt werden muss. Demgegenüber steht der Nachteil, dass kein vorzeitiger Zahnkontakt abgebildet und umfangreiche Verlagerungen nicht berücksichtigt werden können. Die detaillierte Berechnung von allgemeinen Zahnkontakten, wie sie in Stufenplanetengetrieben in kinematischer Kopplung vorliegen, unter Berücksichtigung dynamischer Verlagerungen wird im folgenden Abschnitt beschrieben.

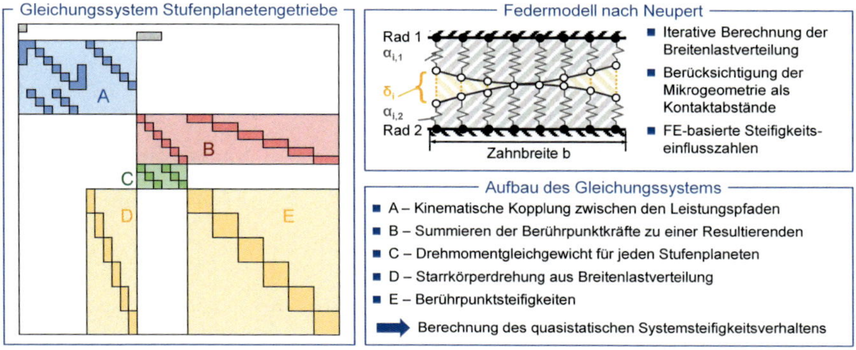

Bild 4-6: Federmodell für Stufenplanetengetriebe
Spring Model for Stepped Planetary Gear Stages

4.4.3 Zahnkontakte in dynamischen Betriebszuständen

Tooth Contacts in Dynamic Operation

Die mathematische Beschreibung von Mehrkörpersystemen umfasst, je nach Anwendungsfall, eine Vielzahl von zu modellierenden kinematischen Kopplungen und Randbedingungen. Aus diesem Grund wird eine modulare Verwendung der Zahnkontaktberechnung in der dynamischen Mehrkörpersimulation für allgemeine Anwendungsfälle angestrebt. Die Berechnung der Zahnkontakte erfolgt somit für vorgegebene kinematische Randbedingungen. Unter Verwendung der Positionen der Zahnräder wird eine numerische Kontaktberechnung nach Kapitel 4.3 durchgeführt, auf deren Grundlage die Einflusszahlen an den identifizierten Berührpunkten berechnet werden.

In Kontakt stehende Zahnräder weisen einen lastbedingten Drehfehler auf, der von der Eingriffssteifigkeit der aktuellen Wälzstellung abhängig ist. Die Drehwinkel der Zahnräder sind somit aufgrund der Verformung der Zähne und des Radkörpers um den lastbedingten Drehfehler versetzt. Wird nun eine Berechnung der Kontaktabstände auf Grundlage von Punktewolken starrer Zahnräder vorgenommen, resultieren Durchdringungen der Starrkörper. Die Durchdringung an einem Punkt kann somit als Starrkörperverschiebung des gesamten Zahnrades abzüglich des lastfreien Kontaktabstands aufgrund der Zahnflankengeometrie beschrieben werden, siehe **Gleichung (4-36)**.

Das lineare Gleichungssystem zur Beschreibung des Zahnkontakts wird aufbauend auf dem mathematischen Federmodell somit in einer vereinfachten Form im Vergleich zur Berechnung unter quasistatischen Bedingungen aufgestellt, siehe **Gleichung (4-37)**. Die Durchdringung und die Einflusszahlen sind bekannt, sodass ausschließlich die Berührpunktkräfte bestimmt werden müssen. Des Weiteren müssen keine zusätzlichen Randbedingungen berücksichtigt werden, da diese bereits in den vorgegebenen Positionen der Zahnräder durch den MKS-Solver berücksichtigt sind.

$$\Delta_i = s_i - \delta_i \tag{4-36}$$

$$\begin{bmatrix} \alpha_{1,1} & \cdots & \alpha_{1,n} \\ \vdots & \ddots & \vdots \\ \alpha_{n,1} & \cdots & \alpha_{n,n} \end{bmatrix} \cdot \begin{bmatrix} f_1 \\ \vdots \\ f_n \end{bmatrix} = \begin{bmatrix} \Delta_1 \\ \vdots \\ \Delta_n \end{bmatrix} \tag{4-37}$$

Δ_i	[µm]	Durchdringung an Punkt i	s_i	[µm]	Starrkörperverschiebung an Punkt i
δ_i	[µm]	Kontaktabstand an Punkt i	$\alpha_{i,j}$	[µm/N]	Verschiebungseinflusszahl an Punkt i aufgrund einer Last an Punkt j
f_j	[N]	Kraft an Punkt j			

Die Lösung des linearen Gleichungssystems der Form A·x = b sind die Kräfte an den Berührpunkten. Da ähnlich wie bei der quasistatischen Berechnung die tatsächlich im Kontakt stehenden Punkte nicht bekannt sind, muss eine iterative Lösung des Gleichungssystems durchgeführt werden. Negative Berührpunktkräfte werden nach jedem Lösungsvorgang eliminiert, bis die Lösung ausschließlich positive Berührpunktkräfte enthält. Die Berührpunktkräfte werden anschließend zur Berechnung der Kräfte und Drehmomente in allen Raumrichtungen an der Schnittstelle des Zahnrads zum umgebenden System in Form einer Welle oder, bei Hohlrädern, eines Strukturbauteils kondensiert.

4.5 Kraftelement WZL GEARFORCE6D

Force Element WZL GEARFORCE6D

Die beschriebene Berechnungsmethode wurde in einem Kraftelement für die Mehrkörpersimulationssoftware DASSAULT SYSTÈMES SIMPACK umgesetzt. Die Implementierung erfolgte als User Force Element mit der von DASSAULT SYSTÈMES bereitgestellten Fortran Schnittstelle. Der Berechnungsprozess des Kraftelements WZL GEARFORCE6D ist in **Bild 4-7** dargestellt. Zur Vorbereitung der Berechnung werden die Verzahnungsgeometrien, die Einflusszahlen und die Simulationseinstellungen bereitgestellt und eingelesen. Der Berechnungsprozess für jeden Zeitschritt der MKS-Berechnung startet mit der Übergabe der Positionen und Drehwinkel der Zahnräder durch den Solver an das Kraftelement. Anschließend wird die numerische Kontaktberechnung, wie in Kapitel 4.3 beschrieben, durchgeführt. Die Kontaktabstände werden daraufhin zusammen mit den Einflusszahlen an den Berührpunkten zur Aufstellung des linearen Gleichungssystems verwendet. Die aus der Lösung des Federmodells resultierenden Kräfte und Drehmomente an den Verzahnungen werden von dem Kraftelement an den Solver übergeben. Dieser Prozess wird iterativ wiederholt, bis der Solver ein dynamisches Gleichgewicht zwischen den Positionen und Drehwinkeln sowie den angreifenden Kräften und Drehmomenten erzielen kann.

Die klare Trennung des Zahnkontakts von den restlichen Systemkomponenten über definierte Schnittstellen in Form von Markern, an denen Positionen und Winkel gemessen sowie Kräfte und Drehmomente aufgeprägt werden, ermöglicht die allgemeine Berechnung von Zahnkontakten in der dynamischen Mehrkörpersimulation. Die kinematische Kopplung, wie sie beispielsweise bei Stufenplanetengetrieben vorliegt, wird indirekt mit der Erzielung eines dynamischen Systemgleichgewichts der Kräfte und Drehmomente aller Körper sichergestellt.

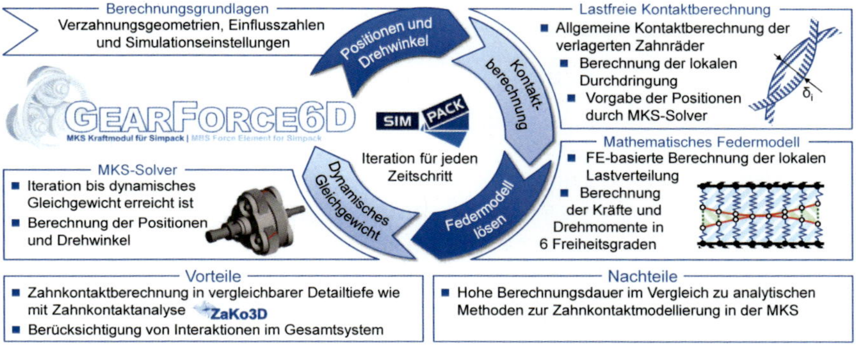

Bild 4-7: Kraft Modul WZL GEARFORCE6D
Force Element WZL GEARFORCE6D

4.6 Berechnung der Kenngrößen des Einsatzverhaltens

Calculation of the Characteristic Values of the Operational Behavior

Zur Bewertung des Einsatzverhaltens müssen verschiedene Kenngrößen berechnet werden. Als charakteristische Kenngrößen des Einsatzverhaltens sind die Zahnflankenpressung, die Zahnfußspannung, der Drehfehler und der Wirkungsgrad etabliert. Im Folgenden werden die Berechnungsgrundlagen erläutert.

Drehfehler

Der Summendrehfehler setzt sich aus dem lastfreien und dem lastbedingten Drehfehleranteil zusammen, vgl. Kapitel 2.1.1. In der quasistatischen Berechnung von Zahnkontakten werden die Zahnräder anhand ihrer Übersetzung verdreht. Zur Berechnung des lastfreien Drehfehlers werden die Abstände zwischen den Zahnflanken numerisch berechnet, vgl. Kapitel 4.3. Der Verlauf des minimalen Kontaktabstands über den Wälzstellungen beschreibt den lastfreien Drehfehler. Die Berechnung des lastbedingten Drehfehlers resultiert in der quasistatischen Anwendung direkt aus der Lösung des mathematischen Federmodells während der Lastverteilungsrechnung, vgl. Kapitel 4.4.1. Bei der translatorischen Aufstellung des Federmodells wird der lastbedingte Drehfehler bereits in der Eingriffsebene ausgegeben, während bei der rotatorischen Aufstellung des Federmodells, wie sie bei Stufenplanetengetrieben in Kapitel 4.4.2 vorgenommen wird, eine Umrechnung in die Eingriffsebene erfolgen kann.

Im Unterschied dazu ist bei der Anwendung der Zahnkontaktberechnung in der dynamischen Mehrkörpersimulation keine Unterscheidung zwischen lastfreiem und lastbedingtem Drehfehler möglich. Die rotatorische Position der Zahnräder wird durch den MKS-Solver iterativ bestimmt, sodass der Summendrehfehler aus der übersetzungsbereinigten Drehdifferenz berechnet werden kann. Das Ergebnis der numerischen Kontaktberechnung ist in diesem Fall eine Durchdringung der Zahnflanken, auf deren Grundlage die Kräfte im Zahnkontakt berechnet werden.

Zahnflankenpressung

Zur Beurteilung der Zahnflankentragfähigkeit ist die Berechnung der lokalen Zahnflankenpressungen relevant. Anders als der Drehfehler stellt die Berechnung der Zahnflankenpressungen einen nachgelagerten Auswertungsschritt dar, sodass die Werte nicht bereits bei der Lösung des mathematischen Federmodells vorliegen. Die Art der Berechnung ist von der gewählten Kontaktberechnungsmethode abhängig, da linien- und flächenbasierte Ansätze unterschieden werden. Bei der linienbasierten Kontaktberechnung wird der Ansatz nach HERTZ zur Berechnung der Pressung zweier in Kontakt stehender Zylinder angewendet [HERT82]. Die lokalen Krümmungsradien der Kontaktpunkte werden berücksichtigt, sodass abschnittsweise die Pressung zwischen zwei Zylindern berechnet wird. Im Unterschied dazu kann bei Verwendung des flächenbasierten Kontaktansatzes keine Linienlast berechnet werden, sodass eine allgemeine Flächenpressung Anwendung findet. Die Pressung wird als Quotient aus Kraft und wirksamer Fläche berechnet, siehe **Bild 4-9**. Die lokalen Krümmungsverhältnisse gehen in diesem Fall nicht in die Berechnung ein.

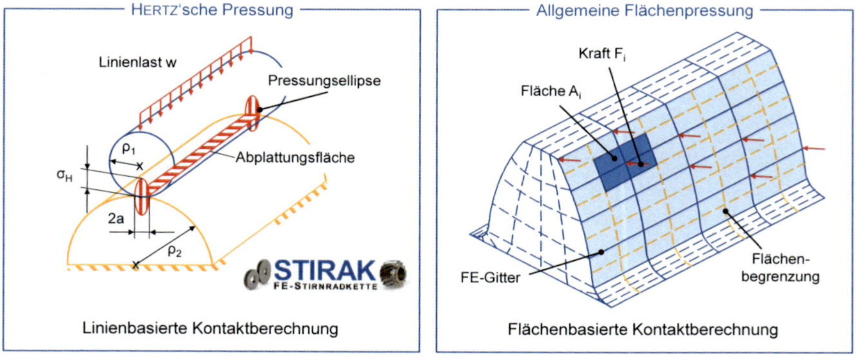

Bild 4-8: Ansätze zur Pressungsberechnung
Approaches for Pressure Calculation

Zahnfußspannung

Die lokale Zahnfußspannung ist von großer Bedeutung für die Bewertung der Zahnfußtragfähigkeit. Ein Vorteil der FE-basierten Zahnkontaktanalyse ist die Berücksichtigung der exakten Geometrie des Zahnfußes sowie die Möglichkeit zur Berechnung der lokalen Deformationen sowie Spannungen im Material. Die Berechnung erfolgt als nachgelagerter Schritt, indem die zu einer Wälzstellung gehörenden Zahnkräfte superpositioniert werden und die lokale Verformung an den FE-Knoten aufgrund der angreifenden Kräfte berechnet wird. Die Berechnung der Spannungen im FE-Modell aus den lokalen Verschiebungen entspricht dem allgemeinen Vorgehen für HEXA8 Elemente, weswegen an dieser Stelle auf weiterführende Literatur verwiesen wird [ZIEN13]. Die Auswertung der resultierenden Spannungstensoren erfolgt im Stirnschnitt orthogonal zum Normalenvektor des entsprechenden FE-Knotens.

Wirkungsgrad

Der Wirkungsgrad bzw. die Verlustleistung einer Zahnradpaarung setzt sich aus verschiedenen Anteilen zusammen. Optimierungspotenzial in Bezug auf die Verzahnungsauslegung besteht insbesondere bei der lastbedingten Verlustleistung im Zahnkontakt. Zur detaillierten Berechnung wird das lokale Reibkraftmodell nach LÖPENHAUS angewendet [LÖPE15 S. 48]. Die benötigten Eingangsgrößen des empirischen Modells werden lokal auf der Zahnflanke aufgelöst für jeden Berührpunkt berechnet. Die Summengeschwindigkeit $v_{\Sigma,i}$ nach **Gleichung (4-38)**, die Gleitgeschwindigkeit $v_{g,i}$ nach **Gleichung (4-39)**, der Schlupf s_i an Rad 1 nach **Gleichung (4-40)** und der Ersatzkrümmungsradius $\rho_{ers,i}$ der beiden Zahnflanken im Kontaktpunkt nach **Gleichung (4-41)** werden zur Ermittlung des lokalen Reibkoeffizienten μ_i in **Gleichung (4-42)** eingesetzt. Die lokale Verlustleistung P_V berechnet sich aus der Gleitgeschwindigkeit $v_{g,i}$ und der Reibkraft F_R, die wiederrum aus der Berührpunktnormalkraft F_N und dem Reibkoeffizienten μ_i bestimmt wird, vgl. **Gleichung (4-43)**. Die lokale Verlustleistung wird schließlich über alle Berührpunkte einer Wälzstellung aufsummiert, sodass die lastbedingte Verzahnungsverlustleistung resultiert.

$$v_{\Sigma,i} = \sqrt{v_{x,1,i}{}^2 + v_{y,1,i}{}^2} + \sqrt{v_{x,2,i}{}^2 + v_{y,2,i}{}^2} \tag{4-38}$$

$$v_{g,i} = \sqrt{\left(v_{x,1,i} + v_{x,2,i}\right)^2 + \left(v_{y,1,i} + v_{y,2,i}\right)^2 + \left(v_{z,1,i} + v_{z,2,i}\right)^2} \tag{4-39}$$

$$s_i = \frac{v_{g,i}}{\sqrt{v_{x,1,i}{}^2 + v_{y,1,i}{}^2}} \cdot 100\ \% \tag{4-40}$$

$$\rho_{ers_i} = \frac{\rho_{1_i} \cdot \rho_{2_i}}{\rho_{1_i} + \rho_{2_i}} \tag{4-41}$$

$$\begin{aligned} \mu_i = 93{,}25 &\cdot \frac{e^{-0{,}0001 \cdot p_{Hi}} \cdot Ra^{0{,}055}}{v_{\Sigma,i}{}^{0{,}13} \cdot \rho_{ers,i}{}^{0{,}2}} \cdot \left(8{,}51 \cdot 10^{-6} \cdot \eta_{\text{Öl}}{}^2 - 0{,}001 \cdot \eta_{\text{Öl}} + 0{,}55\right) \\ &\cdot \frac{|s_i|}{(|s_i| + 108{,}1)^2 - 11630} \cdot X_L \cdot X_{OS} \end{aligned} \tag{4-42}$$

$$P_{V,i} = F_{R,i} \cdot v_{g,i} = F_{N,i} \cdot \mu_i \cdot v_{g,i} \tag{4-43}$$

$v_{\Sigma,i}$	[m/s]	Summengeschwindigkeit am Kontaktpunkt i	$v_{x/y/z,j,i}$	[m/s]	Geschwindigkeit in x/y/z-Richtung an Kontaktpunkt i des Zahnrads j
$v_{g,i}$	[m/s]	Gleitgeschwindigkeit am Kontaktpunkt i	s_i	[%]	Spezifisches Gleiten an Rad 1 am Kontaktpunkt i
$\rho_{ers,i}$	[mm]	Ersatzkrümmungsradius am Kontaktpunkt i	$\rho_{j,i}$	[mm]	Krümmungsradius am Kontaktpunkt i an Rad j
μ_i	[-]	Reibkoeffizient am Kontaktpunkt i	p_{Hi}	[MPa]	Pressung am Kontaktpunkt i
Ra	[µm]	Mittenrauwert	$\eta_{Öl}$	[mPas]	Ölbetriebsviskosität bei Umgebungsdruck
X_L	[-]	Schmierstofffaktor nach [SCHL95]	X_{OS}	[-]	Oberflächenstrukturfaktor nach [DOLE03]
$P_{V,i}$	[W]	Verlustleistung am Kontaktpunkt i	$F_{R,i}$	[N]	Reibkraft am Kontaktpunkt i
$F_{N,i}$	[N]	Normalkraft am Kontaktpunkt i			

4.7 Verifikation der Berechnungsmethode

Verification of the Calculation Method

Die in diesem Kapitel vorgestellte Berechnungsmethode ermöglicht die Berechnung von Zahnkontakten in der dynamischen Mehrkörpersimulation sowie unter quasistatischen Betriebsbedingungen. Eine Verifikation der Berechnungsergebnisse ist in Form eines Vergleichs mit validierten quasistatischen Zahnkontaktanalysen möglich. Mit diesem Abgleich wird die numerische Kontaktberechnung in Kombination mit der Lastverteilungsrechnung in ihren Ergebnissen verifiziert. Als Bewertungsgrundlage wird der lastfreie Drehfehler und der Summendrehfehler verwendet. Die numerische Kontaktberechnung weist einen signifikanten Einfluss auf den lastfreien Drehfehler auf, sodass numerische Abweichungen im Vergleich zu analytischen Berechnungen quantifizierbar werden. Der Summendrehfehler beschreibt die aus dem lastfreien und dem lastbedingten Anteil der Drehwegabweichungen resultierende Gesamtabweichung und ist somit als Kenngröße des Anregungsverhaltens unter Last als Vergleichsgröße heranzuziehen. Die Verifikation erfolgt demnach zweistufig, wobei zunächst die numerische Kontaktberechnung mit dem lastfreien Drehfehler und anschließend die gesamte Berechnungskette anhand des Summendrehfehlers verifiziert wird. Da das Verlagerungsverhalten insbesondere bei Stufenplanetengetrieben von hoher Relevanz ist, wird zusätzlich ein Vergleich der Methoden unter verlagerten Bedingungen durchgeführt.

Die Vergleichsberechnungen werden mit den Zahnkontaktanalysen FE-STIRNRADKETTE und WZL ZAKO3D durchgeführt [CAO02, HEMM07]. Diese beiden Programmsysteme unterscheiden sich in mehreren Ansätzen untereinander sowie im Vergleich zu GEARFORCE6D. Die maßgeblichen Unterschiede sind in **Tabelle 4-1** dargestellt. Die im Folgenden dargestellten Ergebnisse wurden mit den Programmversionen ZAKO3D 2.14.1.0 und FE-STIRNRADKETTE 4.2.26 erstellt.

Tabelle 4-1: Vergleich der Berechnungsmethoden

Comparison of the Calculation Methods

	GEARFORCE6D	ZAKO3D	FE-STIRNRADKETTE
Steifigkeitsberechnung	HEXA8 FE-Elemente	HEXA8 FE-Elemente	HEXA20 FE-Elemente
Kontaktberechnung	Numerisch	Numerisch	Analytisch
Kontaktart	Fläche / Linie	Fläche	Linie
Verwendung	MKS / ZKA	ZKA	ZKA

Als Grundlage für den Vergleich der Methoden wurde eine schrägverzahnte Stirnradstufe ausgewählt. Die Verzahnungsdaten sind in **Bild 4-9** auf der linken Seite dargestellt. Die Verzahnungen wurden in zwei verschiedenen Auflösungen als Punktewolken modelliert, wobei die Auflösung die Anzahl der Punkte in Richtung der Flankenlinie sowie der Profillinie beschreibt. Zur Identifikation von Abweichungen im Drehfehlerverlauf wurden n_{Wst} = 100 Wälzstellungen je Teilung berechnet.

Die Berechnungsergebnisse für den lastfreien Drehfehler im unverlagerten Zustand sind in Bild 4-9 dargestellt. Die Methoden mit numerischer Kontaktberechnung (GEARFORCE6D und ZAKO3D) werden der analytischen Berechnung der FE-STIRNRADKETTE gegenübergestellt, die in diesem Fall als Referenz anzusehen ist. Zunächst ist erkennbar, dass die Auflösung bei den Methoden mit Flächenkontakt einen hohen Einfluss auf die numerischen Abweichungen hat, vgl. Bild 4-9 oben.

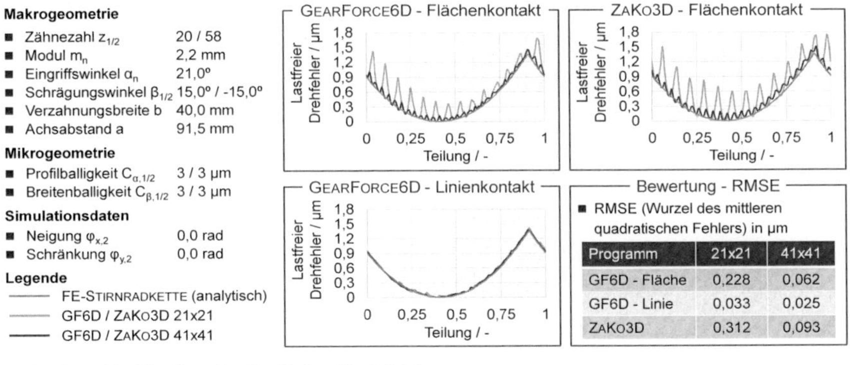

Bild 4-9: Verifikation des lastfreien Drehfehlers

Verification of the Load-free Transmission Error

Die numerischen Abweichungen sind darin begründet, dass bei der Flächenkontaktberechnung der Kontakt zur Gegenflanke ausgehend von diskreten Flankenpunkten berechnet wird. Während des Abwälzens der Zahnflanken wandert der Kontaktpunkt auf der Gegenflanke über das Gitter und der eigentliche Punkt des geringsten Kontaktabstands wird nur in wenigen Wälzstellungen genau getroffen. Dieser Effekt verringert sich mit zunehmender Gitterauflösung der Zahnflanken, wie der Vergleich zwischen dem 21x21-Gitter und dem 41x41-Gitter in Bild 4-9 oben zeigt. Insgesamt ist die Übereinstimmung der Kurvenverläufe sehr hoch, insbesondere wenn die Minima der wiederkehrenden numerischen Abweichungen betrachtetet werden. Die Unterschiede zwischen ZAKO3D und GEARFORCE6D bei Anwendung des Flächenkontakts resultieren aus der unterschiedlichen Richtung der Kontaktberechnung. Während ZAKO3D die Kontaktberechnung ausgehend von den Flankenpunkten des Rades vornimmt, werden die Kontaktabstände bei GEARFORCE6D ausgehend vom Ritzel berechnet. Der Grund dafür liegt in der mathematischen Beschreibung der Kinematik.

Die Ergebnisse der Berechnung mit numerischem Linienkontakt in GEARFORCE6D sind in Bild 4-9 unten links zu sehen. Die Kurven der beiden Auflösungsvarianten und der analytischen Referenzberechnung liegen qualitativ nahezu übereinander. Ein quantitativer Vergleich ist anhand der Wurzel des mittleren quadratischen Fehlers RMSE (engl.: Root mean square error) möglich, siehe Bild 4-9 unten rechts. Mit diesem Fehlerkennwert wird deutlich, dass die numerische Linienkontaktberechnung die signifikant niedrigsten Abweichungen aufweist. Zusätzlich werden bereits bei der geringeren Auflösungsvariante geringere numerische Abweichungen erzeugt, als dies bei dem Flächenkontakt mit der höheren Auflösung der Fall ist. Die für den Flächenkontakt beschriebene Herausforderung, dass für einige Wälzstellungen das tatsächliche Minimum der Kontaktabstände nicht identifiziert werden kann, wird mit der Interpolation der Kontaktabstände für den Linienkontakt gelöst, vgl. Bild 4-5.

Zur Verifikation der gesamten Berechnungskette wird der Summendrehfehler exemplarisch bei einem Drehmoment von M_2 = 800 Nm mit den verschiedenen Methoden berechnet und analysiert. Die Ergebnisse sind in **Bild 4-10** dargestellt. Im Unterschied zur lastfreien Berechnung sind die Ergebnisse der FE-STIRNRADKETTE nun ebenfalls von numerischen Abweichungen aus der FE-basierten Steifigkeitsberechnung beeinflusst, weswegen für diesen Vergleich keine Referenz vorliegt.

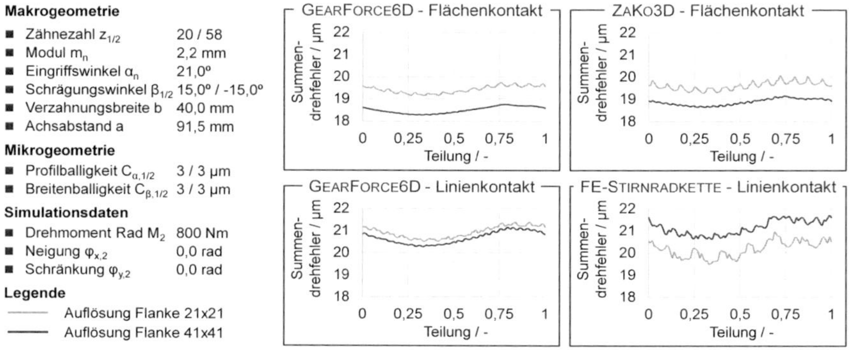

Bild 4-10: Verifikation des Summendrehfehlers
Verification of the Loaded Transmission Error

Zunächst ist ein Unterschied zwischen den linienbasierten und den flächenbasierten Berechnungen zu erkennen. Bei der flächenbasierten Berechnung wird die lokale Belastung teilweise auf mehrere Punkte in Profilrichtung aufgeteilt. Dies ist bei der linienbasierten Berechnung nicht möglich, was zu einer geringeren Eingriffssteifigkeit und somit zu einem höheren Summendrehfehler führt, vgl. Bild 4-10. Die Ergebnisse mit höherer Flankenauflösung zeigen bei allen Berechnungsmethoden geringere numerische Abweichungen, was auf die geringeren Abweichungen bei der Berechnung der Kontaktabstände, die eine Eingangsgröße des Federmodells darstellen, zurückzuführen ist.

Der qualitative Verlauf des Summendrehfehlers ist bei den betrachteten Methoden sehr ähnlich. Für einen quantitativen Vergleich der berechneten Anregung wird die Schwankung des Summendrehfehlers ausgewertet, siehe **Tabelle 4-2**. Wird die höhere Auflösung betrachtet, sind die Ergebnisse der beiden flächenbasierten Methoden sehr ähnlich. Die Ergebnisse der FE-STIRNRADKETTE weisen, wie in Bild 4-10 unten rechts zu sehen, numerische Abweichungen vermutlich aufgrund der FE-Elemente auf. Aus diesem Grund ist auch die Schwankung des Summendrehfehlers höher als bei GEARFORCE6D mit Linienkontakt. Aufgrund der HEXA20 FE-Elemente werden bei der FE-STIRNRADKETTE weniger FE-Elemente bei gleicher Auflösung der Gitterpunkte erzeugt, was bei der lastbedingten Berechnung zu höheren Abweichungen führt. Die FE-Modelle für ZAKO3D und GEARFORCE6D sind identisch, sodass Unterschiede in den Ergebnissen hier ausschließlich auf die numerische Lösung des Kontaktproblems zurückzuführen sind. Insgesamt sind die Ergebnisse plausibel und der Einfluss der Auflösung ist für die linienbasierte Berechnung mit GEARFORCE6D am geringsten.

Tabelle 4-2: Schwankung des Summendrehfehlers
Peak-to-Peak Transmission Error

Auflösung	GF6D Fläche	GF6D Linie	ZAKO3D	FE-STIRNRADKETTE
21x21	0,589 µm	0,866 µm	0,809 µm	1,449 µm
41x41	0,474 µm	0,880 µm	0,503 µm	1,067 µm

Die Berücksichtigung von Verlagerungen bei der Berechnung von Stirnradkontakten in der dynamischen Mehrkörpersimulation ist ein essenzieller Bestandteil von GEARFORCE6D. Aus diesem Grund wird die Verifikation der Ergebnisse zusätzlich unter Vorgabe einer Verlagerung in Form einer Achsschränkung und -neigung durchgeführt. Die Vorgabe der Achsverlagerung erfolgt für ZAKO3D an fiktiven Lagerstellen, sodass die resultierenden Abweichungen im Zahnkontakt numerisch berechnet werden. Die analytische Berechnung der Kontaktabstände bei der FE-STIRNRADKETTE ermöglich keine Vorgabe von Achslageabweichungen. Die Berührlinien werden analytisch aus der Eingriffsebene abgeleitet, ohne dass Verlagerungen eine Verschiebung erzeugen können. Aus diesem Grund wird die Verlagerung in eine Flankenlinienwinkelabweichung $f_{H\beta}$ nach WITTKE umgerechnet und als Flankenmodifikation vorgegeben [WITT94 S. 29].

Die lastfreien Berechnungsergebnisse des Drehfehlers sind in **Bild 4-11** dargestellt. Obwohl die Achslageabweichung bei der FE-STIRNRADKETTE in eine Flankenkorrektur umgerechnet wurde, können die Ergebnisse als Referenz für die lastfreie Berechnung verwendet werden. Die numerischen Abweichungen sind sehr ähnlich zu der Berechnung ohne Achslageabweichung. Dies verifiziert die numerische Kontaktberechnung sowie die Positionierung der verlagerten Zahnräder in GEARFORCE6D. Die numerischen Abweichungen sind für die linienbasierte Berechnung mit GEARFORCE6D für beide Auflösungsvarianten am niedrigsten.

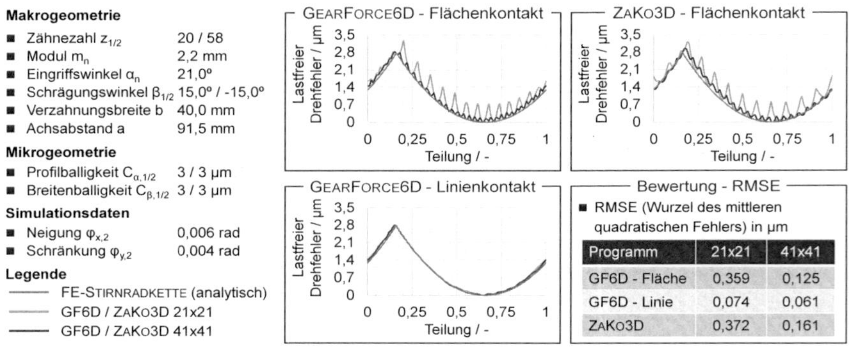

Bild 4-11: Verifikation des lastfreien Drehfehlers – verlagert

Verification of the Load-free Transmission Error – Misaligned

In **Bild 4-12** sind die Ergebnisse der Berechnungen unter Last dargestellt. Im Unterschied zur unverlagerten Berechnung ist der qualitative Verlauf des Summendrehfehlers für die verschiedenen Methoden nicht identisch. Die numerischen Kontaktberechnungsmethoden weisen einen vergleichbaren Verlauf auf. Das Maximum des Drehfehlerverlaufs der FE-STIRNRADKETTE ist verschoben, vgl. Bild 4-12 unten rechts.

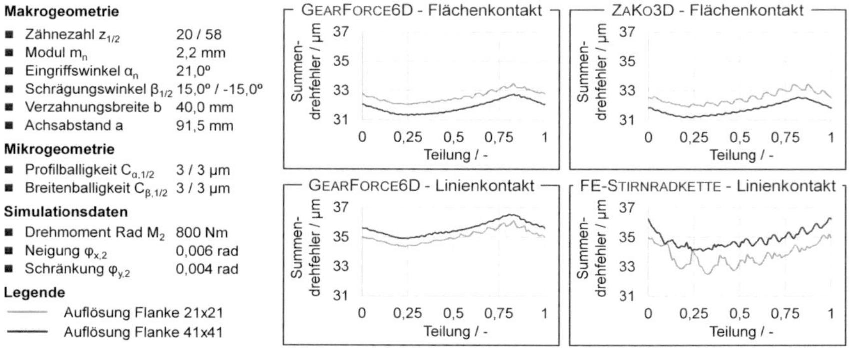

Bild 4-12: Verifikation des Summendrehfehlers – verlagert

Verification of the Loaded Transmission Error – Misaligned

Dies deutet darauf hin, dass ein Einfluss der Umrechnung der Verlagerung in eine Zahnflankenmodifikation zwar für die lastfreie Identifikation des minimalen Kontaktabstands je Wälzstellung, was dem lastfreien Drehfehler entspricht, vernachlässigbar ist, bei einer Berechnung unter Last aber Abweichungen auftreten. Die weiteren Erkenntnisse sind von der unverlagerten Berechnung übertragbar, sodass die linienbasierte Berechnung mit GEARFORCE6D einen absolut höheren Summendrehfehler ergibt.

Die Schwankungsbreite des Summendrehfehlers ist in **Tabelle 4-3** für die verschiedenen Methoden zusammengefasst. Die beiden flächenbasierten Methoden berechnen eine geringere Schwankungsbreite als die linienbasierten Methoden. Dabei zeigt sich, dass auch die Schwankungsbreite der FE-STIRNRADKETTE mit analytischem Linienkontakt aufgrund der Umrechnung der Verlagerung höhere Abweichungen zu den anderen Ergebnissen aufweist als bei der unverlagerten Berechnung. Die Ergebnisse belegen somit die Verifikation der Berechnung mit GEARFORCE6D.

Tabelle 4-3: Schwankungsbreite des Summendrehfehlers – verlagert
Peak-to-Peak Transmission Error – Misaligned

Auflösung	GF6D Fläche	GF6D Linie	ZAKO3D	FE-STIRNRADKETTE
21x21	1,433 µm	1,774 µm	1,517 µm	2,706 µm
41x41	1,427 µm	1,638 µm	1,366 µm	2,252 µm

4.8 Fazit

Conclusion

Das Ziel dieses Kapitels ist eine Methode, die eine durchgängige Berechnung von Zahnkontakten in quasistatischen und dynamischen Betriebsbedingungen ermöglicht. Die notwendigen Bestandteile der Methode werden unterteilt in eine Steifigkeitsberechnung, eine numerische Kontaktberechnung sowie eine Lastverteilungsrechnung. Während die Steifigkeits- und Kontaktberechnung unabhängig von den Betriebsbedingungen sind, wird die Lastverteilungsrechnung entsprechend der Anwendung in der dynamischen Mehrkörpersimulation bzw. der quasistatischen Zahnkontaktanalyse unterschieden.

Zur Berechnung der Kontaktabstände wird zunächst ein Koordinatensystem für im Raum verlagerte Zahnräder definiert. Auf Grundlage der Positionierung der Zahnflanken in Abhängigkeit der Wälzstellung sowie der rotatorischen und translatorischen Verlagerungen werden die Kontaktabstände zwischen den Zahnflanken numerisch berechnet. Die Kontaktabstandsberechnung erfolgt ausgehend von Rad 1 in einem Zylinderkoordinatensystem. Der numerische Aufwand zur Lastverteilungsrechnung wird signifikant von der Anzahl potenziell in Kontakt stehender Berührpunkte beeinflusst. Aus diesem Grund wird zusätzlich zu den flächenbasiert ermittelten Kontaktabständen ein numerischer Linienkontakt eingeführt, für den eine profilabschnittsweise Interpolation der flächenbasiert ermittelten Kontaktabstände vorgenommen wird.

Die Lastverteilungsrechnung in Form des mathematischen Federmodells wird zunächst für einfache Stirnradstufen beschrieben, auf dessen Grundlage das Federmodell für Stufenplanetengetriebe erweitert wird. Die Erweiterung umfasst die kinematischen Kopplungen der Einzeleingriffe und ermöglicht die Berechnung des Drehfehlers zwischen An- und Abtrieb über mehrere Zahneingriffe hinweg. Die Lastaufteilung zwischen den Leistungspfaden wird berücksichtigt, stellt jedoch eine idealisierte Berechnung dar, weil keine Verlagerungen bzw. Abweichungen berücksichtigt und keine Verformungen im System zugelassen werden.

Die detaillierte Berechnung von Zahnkontakten unter Berücksichtigung von Systemeinflüssen ist Ziel der Methode in der dynamischen Mehrkörpersimulation. Die Lastverteilungsrechnung wird für diesen Anwendungsfall umgekehrt, da nun Positionen und Winkel vorgegeben werden und Kräfte sowie Drehmomente resultieren. Im Gegensatz dazu erfolgt in der quasistatischen Zahnkontaktberechnung die Vorgabe eines Drehmoments, woraufhin die Starrkörperverschiebung als lastbedingte Rotation eines Rades iterativ berechnet wird. Die Umsetzung der Berechnungsmethode erfolgt in dem User Force Element WZL GEARFORCE6D für die Mehrkörpersimulationssoftware DASSAULT SYSTÉMES SIMPACK.

Zur Verifikation der Berechnungsmethode werden Vergleiche mit validierten Zahnkontaktanalysen durchgeführt. Die Ergebnisse zeigen sehr hohe Übereinstimmungen des lastfreien Drehfehlers, der als Bewertungskriterium für die numerische Kontaktberechnung herangezogen wird. Die detaillierten Unterschiede in den Ergebnissen der linien- und flächenbasierten Ansätze werden erörtert und numerische Abweichungen nachvollzogen. Der Summendrehfehler wird zur Verifikation der vollständigen Berechnungskette bestehend aus Steifigkeits-, Kontakt- und Lastverteilungsrechnung verglichen. Die Ergebnisse zeigen, dass für verlagerte Zahnräder eine numerische Berechnung der Kontaktabstände notwendig ist. Diese ermöglicht zusätzlich die Berücksichtigung von lastbedingten Überdeckungsgewinnen über die theoretische Gesamtüberdeckung hinaus, sodass der vor- und nachzeitige Zahnkontakt abgebildet wird. Insgesamt ist der numerische Linienkontakt ein optimaler Kompromiss zwischen Berechnungsaufwand, insbesondere in der Lastverteilungsrechnung, und Güte der Berechnungsergebnisse. Mit der entwickelten Methode ist somit die Berechnung von Zahnkontakten in quasistatischen und dynamischen Betriebsbedingungen möglich, was die Grundlage zur Beantwortung der ersten Forschungsfrage darstellt. Die Methode wird zur Auslegung und Optimierung der Makrogeometrie und der Zahnflankenmodifikationen von Stufenplanetengetrieben in den folgenden Kapiteln eingesetzt. Eine Validierung der Berechnungsmethode mit Prüfstandsuntersuchungen erfolgt in Kapitel 8.5.

5 Auslegung der Makrogeometrie

Macro Geometry Design

Die Makrogeometrie stellt die Grundlage für das Einsatzverhalten einer Zahnradstufe dar. Dementsprechend wichtig ist die Berücksichtigung aller notwendigen Zielgrößen und Randbedingungen bei der Auslegung. In diesem Kapitel wird eine Optimierungsmethode zur einsatzgerechten Auslegung der Makrogeometrie von Stufenplanetengetrieben vorgestellt. Zunächst wird dazu auf die Konzeption der Optimierungsmethode und die Besonderheiten bei Stufenplanetengetrieben eingegangen. Anschließend werden die geometrischen Randbedingungen zur Auslegung erläutert und die Berechnungsgrundlagen beschrieben. Abschließend wird der Optimierungsprozess sowohl mit einem naturanalogen Optimierungsalgorithmus als auch mit einem neuronalen Netzwerk beschrieben.

5.1 Konzeption der Optimierungsmethode

Conception of the Optimization Method

Die Auslegung der Makrogeometrie lässt sich als Optimierungsproblem formulieren. Das Ziel der Optimierung ist die Identifikation einer Makrogeometrie, für die eine Zielfunktion, die den Zusammenhang zwischen Geometriegrößen und beispielsweise Kenngrößen des Einsatzverhaltens beschreibt, minimal wird. Eine Lösung des Optimierungsproblems, indem von den Zielgrößen direkt auf Geometriegrößen geschlossen werden kann, ist aufgrund des nicht-linearen Zusammenhangs zwischen den Geometriegrößen und dem Einsatzverhalten nicht möglich. Demzufolge müssen numerische Lösungsmethoden zum Einsatz kommen.

In der vorliegenden Arbeit werden zwei Optimierungsstrategien beschrieben. Einerseits wird eine direkte Optimierung mit einem Particle-Swarm-Algorithmus durchgeführt, sodass kein Sampling und somit auch keine Metamodellierung notwendig ist, vgl. Kapitel 2.2.3. Andererseits wird die Optimierung mit einem neuronalen Netzwerk als Metamodellierung durchgeführt und ein entsprechendes Sampling vorangestellt.

Zur Anwendung beider Optimierungsstrategien ist die automatisierte Generierung von validen Geometrievarianten notwendig. Diese wird bei der direkten Optimierung während der Ausführung des Optimierungsalgorithmus und bei der metamodellbasierten Optimierung während des Samplings benötigt, vgl. Kapitel 2.2.3 und 2.2.4. Die Stetigkeit des Zusammenhangs zwischen Variations- und Zielgrößen ist bei beiden Strategien von großer Bedeutung. Aus diesem Grund sind Unstetigkeiten aufgrund von invaliden Geometrien unbedingt zu vermeiden. Aufgrund der hohen Anzahl an Parametern zur Beschreibung der Geometrie können diese nicht ohne Weiteres variiert werden, da eine Vielzahl von geometrisch invaliden Varianten resultieren würde. Bereits für einfache Stirnradstufen ist eine gezielte Auswahl der zu variierenden Größen notwendig.

Die Berechnung der Makrogeometrie von Stirnradstufen erfordert die Vorgabe bestimmter Parameter, die die Geometrie widerspruchsfrei definieren. Auf Grundlage dieser Größen können weitere Parameter der Makrogeometrie berechnet werden. Ein Teil der notwendigen Parameter zur Geometrieberechnung von Stirnradstufen ist in **Bild 5-1** links dargestellt. Die Zähnezahlen der beiden Verzahnungen sind hierbei nicht aufgelistet, da diese als zusätzliche Parameter eine Redundanz zur Summe der Zähnezahlen $\sum z$ erzeugen würden. Die Summe der Zähnezahlen $\sum z$ kann unter Annahme einer spielfreien Verzahnung ohne Profilverschiebung nach **Gleichung (5-1)** aus dem Achsabstand a, dem Schrägungswinkel β und dem Normalmodul m_n berechnet werden. Die Summe der Zähnezahlen $\sum z$ kann anschließend unter Berücksichtigung der Übersetzung i auf die beiden Verzahnungen aufgeteilt werden. Da die Aufteilung nur ganzzahlige Zähnezahlen zulässt, ist der vorgegebene Achsabstand nur mit der Einführung einer Profilverschiebung einhaltbar. Die Aufteilung der Profilverschiebung kann wiederum variiert werden.

$$\sum z = |z_1 + z_2| = \frac{2 \cdot a \cdot \cos\beta}{m_n} \qquad mit\ x_1 = x_2 = 0 \tag{5-1}$$

$\sum z$	[-]	Zähnezahlsumme	z_i	[-]	Zähnezahl Zahnrad i
a	[mm]	Achsabstand	β	[°]	Schrägungswinkel
m_n	[mm]	Normalmodul	x_i	[-]	Profilverschiebungsfaktor Zahnrad i

Im weiteren Vorgehen zur Definition der vollständigen Verzahnungsgeometrien können die Kopfkreisdurchmesser der Verzahnungen aus dem jeweiligen Fußkreiskreisdurchmesser des Gegenrades, der sich aus dem Werkzeugprofil und dem Erzeugungsprofilverschiebungsfaktor ergibt, und dem benötigten Kopfspiel berechnet werden. Bei Spitzzähnen muss eine Reduzierung des Kopfkreises erfolgen, sodass eine Mindestzahndicke am Kopfkreisdurchmesser erreicht wird.

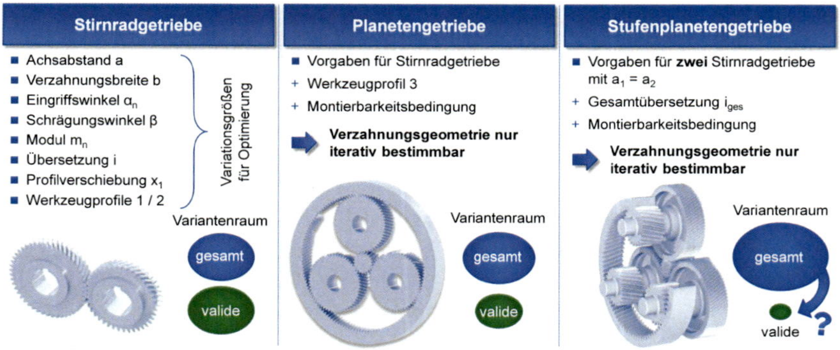

Bild 5-1: Variationsgrößen zur Verzahnungsauslegung
Variation Sizes for Gear Design

Mit diesem vereinfacht beschriebenen Vorgehen können geometrisch valide Varianten für Stirnradstufen erzeugt werden, wenn die Geometrieparameter in sinnvollen Grenzen variiert werden. Hervorzuheben ist dabei, dass die Grenzen des Variantenraums nicht für jeden Anwendungsfall identisch sind und weitere Randbedingungen, wie beispielsweise die Unterschnittgrenze am Ritzel, beachtet werden müssen.

Für Planetengetriebe werden zusätzliche Variationsgrößen für das Werkzeugprofil des Hohlrades benötigt, siehe Bild 5-1 mittig. Da das Planetenrad sowohl mit dem Sonnen- als auch dem Hohlrad im Eingriff steht, sind eine Vielzahl der Makrogeometriegrößen in beiden Eingriffen identisch oder direkt berechenbar. Die Anzahl der zu variierenden Größen steigt somit nur geringfügig an, jedoch muss zusätzlich eine Montierbarkeitsbedingung berücksichtigt werden. Diese schränkt die validen Geometrien weiter ein, da nun aus der Variation auch nicht montierbare Zähnezahlkombinationen resultieren können.

Bei Stufenplanetengetrieben können zwei geometrisch unabhängige Eingriffe ausgelegt und optimiert werden, siehe Bild 5-1 rechts. Die Anzahl der Variationsgrößen und damit die Anzahl theoretisch verfügbarer Geometrievarianten ist dementsprechend deutlich größer. Gleichzeitig muss die Montierbarkeitsbedingung nach Gleichung (2-7) eingehalten werden. Die Zähnezahlen, die sich aus den Übersetzungen der Teilstufen ergeben, müssen zusätzlich die geforderte Gesamtübersetzung i_{SC} zwischen Sonne und Träger nach Gleichung (2-2) erfüllen. Insgesamt resultiert ein großer Variantenraum, der nur wenige valide Geometrien enthält. Eine Herausforderung stellt somit die Auswahl der zu variierenden Parameter dar, sodass innerhalb der Variationsgrenzen der Parameter möglichst nur valide Geometrien resultieren. In Kapitel 5.2 wird die Berechnung der Makrogeometrie von Stufenplanetengetrieben sowie die Auswahl geeigneter Variationsgrößen beschrieben.

5.2 Geometrieberechnung von Stufenplanetengetrieben

Geometry Calculation for Stepped Planetary Gear Sets

Die Montierbarkeitsbedingung, als Randbedingung der Geometrieberechnung von Stufenplanetengetrieben, resultiert aus der kinematischen Kopplung der Eingriffe und daraus entstehenden geometrischen Restriktionen. Vorausgesetzt wird, dass der Winkel zwischen Planet 1 und Planet 2 der gleichen Welle für jeden der verbauten Stufenplaneten identisch ist und diese somit untereinander auswechselbar sind.

Im Folgenden werden drei Schritte zur Berechnung der Geometrie und Einbauposition der Verzahnungen vorgestellt. Einen Überblick über die Berechnungsschritte und die verwendeten Ein- und Ausgaben zeigt **Tabelle 5-1**. Die Geometrieberechnung der Verzahnungen ist in zwei Schritte unterteilt. Zunächst erfolgt die Identifikation einer zu den Eingangsgrößen passenden Zähnezahlkombination. Die Trennung der Berechnung ist sinnvoll, da die kinematischen Randbedingungen die Anzahl valider Zähnezahlkombinationen deutlich einschränken. Die Berechnung der individuellen Verzahnungsgeometrie zielt im nächsten Schritt auf die Detaillierung der einzelnen Zahnräder ab und verwendet unabhängig variierbare Größen. Abschließend erfolgt die Berechnung der zur Montage notwendigen Einbaupositionen, wobei die generelle Montierbarkeit bereits bei der Berechnung der Zähnezahlen im ersten Schritt für gleichmäßig verteilte Stufenplaneten berücksichtigt wurde.

Tabelle 5-1: Berechnung von Geometriegrößen
Calculation of Geometry Parameters

Berechnung	Eingabe	Ausgabe
Zähnezahlkombinationen	Konstanten: $\Delta i_{SC}, \Delta i_1, n_P, i_{SC,soll}$ Variationsgrößen: $a, \beta_1, \beta_2, m_{n,1,soll}, m_{n,2,soll}, i_{1,soll}$	$z_S, z_{P1}, z_{P2}, z_H, m_{n,th,1}, m_{n,th,2}$
Individuelle Verzahnungsgeometrie	Konstanten: $c_1, c_2, T_{sn}, S_{at,min}$ Variationsgrößen: $\Delta m_{n,1}, \Delta m_{n,2}, x_{S1,Auft}, x_{S2,Auft}, h^*_{aP0,S}, h^*_{aP0,P1}, h^*_{aP0,P2}, h^*_{aP0,H}, b_1, b_2, \alpha_{n,1}, \alpha_{n,2}$	$m_{n,1}, m_{n,2}, d_{a,S}, d_{a,P1}, d_{a,P2}, d_{a,H}, x_{E,S}, x_{E,P1}, x_{E,P2}, x_{E,H}, \rho_{aP0,S}, \rho_{aP0,P1}, \rho_{aP0,P2}, \rho_{aP0,H}$
Einbauposition	$z_S, z_{P1}, z_{P2}, z_H, n_P$	$l_{S,i,M}, z_{P1,i,M}, z_{P2,i,M}, l_{H,i,M}$

5.2.1 Zähnezahlkombinationen

Identification of Suitable Number of Teeth Combinations

Im Unterschied zu einfachen Stirnradstufen ist die Berechnung der Zähnezahl der Verzahnungen von Stufenplanetengetrieben aufgrund der notwendigen Montierbarkeit an Bedingungen gebunden. Die Formel zur Prüfung der Montierbarkeit wurde in Kapitel 2.3.1 erläutert, siehe Gleichung (2-7). In diesem Abschnitt wird eine Vorgehensweise zur Berechnung geeigneter Zähnezahlen für Variantenrechnungen dargelegt.

Die Zähnezahlen des Stufenplanetengetriebes werden nach **Gleichung (5-2)** in Abhängigkeit von acht Parametern ausgewählt. Der gesamte Ablauf zur Bestimmung der Zähnezahlen ist in **Bild 5-2** dargestellt. Zunächst werden die möglichen Zähnezahlen der vier Verzahnungen (Sonne, Planet 1, Planet 2 und Hohlrad) in definierten Wertebereichen vollfaktoriell variiert. Mit diesen wird in Schritt 2 die Gesamtübersetzung i_{SC} nach Gleichung (2-2) berechnet. Für die weitere Betrachtung werden nur Varianten mit einer maximalen Abweichung der Gesamtübersetzung von $\Delta i = 0{,}4$ ausgewählt. Dieser Wert sollte individuell anhand der Applikationsrandbedingungen festgelegt werden. Die Anzahl der verbleibenden Varianten ist mit diesem Schritt bereits deutlich gesunken, siehe Bild 5-2.

$$z = f\left(a, \beta_1, \beta_2, n_P, m_{n,1,soll}, m_{n,2,soll}, i_{1,soll}, i_{SC,soll}\right) \quad (5\text{-}2)$$

Im dritten Schritt wird die Übersetzung der ersten Teilstufe (Sonne – Planet 1) aller Varianten mit der Vorgabe verglichen und zur Eingrenzung des Variantenraums genutzt. Die zulässige Abweichung der Übersetzung der ersten Stufe wird weniger restriktiv als die der Gesamtübersetzung bewertet, da die Übersetzung der ersten Stufe in Schritt 6 erneut aufgegriffen wird. Die hier vorgenommene Eingrenzung dient der Reduzierung des weiteren Berechnungsaufwandes.

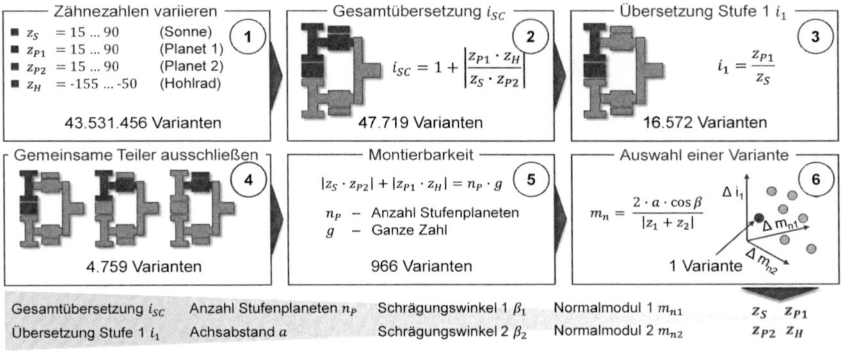

Bild 5-2: Iterative Bestimmung geeigneter Zähnezahl-Kombinationen
Iterative Determination of Suitable Tooth Number Combinations

Eine zusätzliche Randbedingung bei der Identifikation der Zähnezahlen ist die Begrenzung des größten gemeinsamen Teilers benachbarter Zahnräder zu ggT(z_1,z_2) = 1, siehe Schritt 4 in Bild 5-2. Für die verbleibenden Varianten wird in Schritt 5 die Montierbarkeit nach Gleichung (2-7) geprüft. Außerdem erfolgt eine Durchdringungsprüfung der Kopfkreisdurchmesser der Planetenräder unter Berücksichtigung der Anzahl der Stufenplaneten n_P. Die nun resultierenden Varianten beinhalten alle Zähnezahl-Kombinationen, die die Übersetzungsanforderung des Getriebes erfüllen und montierbar sind. Nun erfolgt im sechsten Schritt die Skalierung des Stufenplanetengetriebes mit dem Achsabstand a zur Berechnung des Normalmoduls m_n der Teilstufen. Bei der Berechnung wird zunächst angenommen, dass die Verzahnungen ohne Profilverschiebungen ausgeführt werden und der vorgegebene Achsabstand a dem Null-Achsabstand a_d entspricht. Nach **Gleichung (5-3)** wird der resultierende Normalmodul $m_{n,i,v}$ für beide Teilstufen für jede Variante v berechnet. Die sich aus den Zähnezahlen ergebende Übersetzung der ersten Stufe wird nach **Gleichung (5-4)** berechnet. Schließlich wird diejenige Variante v* gewählt, deren Zähnezahl-Kombination eine minimale kombinierte Abweichung nach **Gleichung (5-5)** ergibt, siehe Bild 5-2 unten rechts. Die Abweichungen von den Vorgabewerten des Normalmoduls der Teilstufe 1, des Normalmoduls der Teilstufe 2 und der Übersetzung der Teilstufe 1 werden gleichmäßig gewichtet.

$$m_{n,th,i,v} = \frac{2 \cdot a \cdot \cos\beta_i}{\sum z_{i,v}} \quad mit\ x_1 = x_2 = 0 \tag{5-3}$$

$$i_{1,v} = \frac{z_{P1,v}}{z_{S,v}} \tag{5-4}$$

$$v^* = \min_{v \in \mathbb{Z}} \left| \sqrt{\sum_{i=1}^{2} \left(\left(m_{n.i,soll} - m_{n,th,i,v} \right)^2 \right) + \left(i_{1,soll} - i_{1,v} \right)^2} \right| \tag{5-5}$$

$m_{n,th,i,v}$	[mm]	Theoretischer Normalmodul Stufe i Variante v	$\sum z_{i,v}$	[-]	Zähnezahlsumme Stufe i Variante v
a	[mm]	Achsabstand	β_i	[°]	Schrägungswinkel Stufe i
x_i	[-]	Profilverschiebungsfaktor Zahnrad i	$z_{S,v}$	[-]	Zähnezahl Sonne Variante v
$i_{1,v}$		Übersetzung Stufe 1 Variante v	$z_{P1,v}$	[-]	Zähnezahl Planet 1 Variante v
v^*	[-]	Index optimale Variante	v	[-]	Index Variante
$m_{n.i,soll}$	[mm]	Soll-Normalmodul Stufe i	$i_{1,soll}$	[-]	Soll-Übersetzung Stufe 1

Bei Stufenplanetengetrieben kann ein Ausgleich der Axialkraft am Stufenplaneten durch die gezielte Auslegung der Schrägungswinkel der beiden Stufen zur Reduzierung von Lagerkräften gewünscht sein. Der Schrägungswinkel der zweiten Stufe β_2 wird dann basierend auf des Schrägungswinkels der ersten Stufe β_1 berechnet. Dies hat zur Folge, dass der Normalmodul der zweiten Stufe $m_{n,2}$ nachträglich angepasst oder eine entsprechende Summenprofilverschiebung in diesem Eingriff ausgelegt werden muss.

Das beschriebene Vorgehen ermöglicht die Identifikation einer validen Geometrie für alle Verzahnungen des Stufenplanetengetriebes. Werden die 8 Parameter, siehe Gleichung (5-2), in definierten Grenzen variiert, können zwar auch invalide Geometrien resultieren, diese treten jedoch in den Randbereichen der Parametergrenzen auf, sodass ein zusammenhängender Wertebereich mit validen Geometrien vorliegt. Die daraus resultierende Stetigkeit des Lösungsraums ist für die Optimierung notwendig.

5.2.2 Individuelle Verzahnungsgeometrie

Calculation of Further Geometry Parameters

Der nächste Schritt zur vollständigen Definition der Geometrie aller Verzahnungen umfasst die Berechnung der Geometriegrößen, die von den bereits definierten Zähnezahlen abhängig sind. Im vorherigen Abschnitt wurden zur Identifikation der Zähnezahlen theoretische Normalmodule der beiden Stufen berechnet. Diese gelten für spielfreie Verzahnungen ohne Profilverschiebung. Da die Vorgabe einer Profilverschiebung positive Auswirkungen auf das Einsatzverhalten haben kann und somit bei der Auslegung als Variationsgröße berücksichtigt werden sollte, wird eine Anpassung des Normalmoduls für jede Stufe vorgesehen. Die resultierenden Normalmodule der beiden Stufen berechnen sich somit nach **Gleichung (5-6)**.

$$m_{n,i} = m_{n,th,i,v} + \Delta m_{n,i} \tag{5-6}$$

$m_{n,i}$	[mm]	Normalmodul Stufe i	$m_{n,th,i,v}$	[mm]	Theoretischer Normalmodul Stufe i Variante v
$\Delta m_{n,i}$	[mm]	Anpassung Normalmodul Stufe i			

Für die weitere Berechnung werden die Stirneingriffswinkel $\alpha_{t,i}$ nach **Gleichung (5-7)** und darauf aufbauend die Betriebseingriffswinkel $\alpha_{wt,i}$ nach **Gleichung (5-8)** bestimmt. Die Summe der Profilverschiebungsfaktoren wird mit dem festgelegten Normalmodul für beide Stufen nach **Gleichung (5-9)** berechnet. Die Aufteilung der Profilverschiebung auf die Verzahnungen erfolgt anteilig mit den Faktoren $x_{S1,Auft}$ und $x_{S2,Auft}$, wobei diese den prozentualen Anteil der Profilverschiebung an der Sonne bzw. dem Planet 2 definieren. Die Erzeugungs-Profilverschiebungsfaktoren $x_{E,j}$ werden unter Berücksichtigung der Toleranzklasse für das Flankenspiel T_{sn} nach den Normen DIN 3967 und DIN ISO 21771 berechnet [DIN78, ISO14].

$$\alpha_{t,i} = atan\frac{tan\,\alpha_{n,i}}{cos\,\beta_i} \tag{5-7}$$

$$\alpha_{wt,i} = acos\left(\frac{|\sum z_i| \cdot m_{n,i} \cdot cos\,\alpha_{t,i}}{2 \cdot a \cdot cos\,\beta_i}\right) \tag{5-8}$$

$$\sum x_i = \frac{\sum z_i \cdot (inv\,\alpha_{wt,i} - inv\,\alpha_{t,i})}{2 \cdot tan\,\alpha_{n,i}} \quad mit\ z_H < 0 \tag{5-9}$$

$\alpha_{t,i}$	[°]	Stirneingriffswinkel Stufe i	$\alpha_{n,i}$	[°]	Normaleingriffswinkel Stufe i
β_i	[°]	Schrägungswinkel Stufe i	$\alpha_{wt,i}$	[°]	Betriebseingriffswinkel der Stufe i
$\sum z_i$	[-]	Zähnezahlsumme Stufe i	$m_{n,i}$	[mm]	Normalmodul Stufe i
$\sum x_i$	[-]	Summe der Profilverschiebungsfaktoren Stufe i	z_H	[-]	Zähnezahl Hohlrad

Die Kopfhöhen der Werkzeug-Bezugsprofile $h_{aP0,j}$ sind weitere Variationsgrößen der Berechnung. Unter Verwendung der Erzeugungs-Profilverschiebungsfaktoren $x_{E,j}$ können die resultierenden Fußkreisdurchmesser $d_{f,j}$ nach **Gleichung (5-10)** berechnet bzw. für das Hohlrad abgeschätzt werden. Für Innenverzahnungen kann eine fertigungsprozessbedingte Abweichung aufgrund einer anwendungsspezifisch ausgelegten Schneid- oder Schälradgeometrie auftreten. Die Abweichungen wurden für verschiedene Geometrien geprüft und als akzeptabel für eine automatisierte Auslegung erachtet. Auf Grundlage der Fußkreisdurchmesser werden die Kopfabstände im Zahnfuß des Gegenrades geprüft und ein maximaler Kopfkreisdurchmesser für jedes Zahnrad nach **Gleichung (5-11)** berechnet. Zur Vermeidung von Spitzzähnen wird zusätzlich die Stirnzahndicke am zuvor berechneten Kopfkreisdurchmesser nach **Gleichung (5-12)** geprüft. Die Stirnzahndicke wird mit dem vorgegebenen Minimalwert $S_{at,min}$ verglichen, woraufhin der Kopfkreisdurchmesser bei Bedarf iterativ angepasst wird. Alle Durchmesser für Innenverzahnungen sind negativ zu berücksichtigen.

$$d_{f,j} = m_{n,j} \cdot \left(\frac{z_j}{\cos \beta_j} + 2 \cdot x_{E,j} \right) - 2 \cdot h_{aP0,j} \tag{5-10}$$

$$d_{a,j} \leq \frac{z_j \cdot z_{j,G}}{\left| z_j \cdot z_{j,G} \right|} \cdot 2 \cdot a - d_{f,G,j} - 2 \cdot c \cdot m_{n,j} \tag{5-11}$$

$$S_{at,j} = d_{a,j} \left(\frac{\pi + 4 \cdot x_{E,j} \cdot \tan \alpha_{n,j}}{2 \cdot z_j} + inv\, \alpha_{t,j} - inv \left(acos \left(\frac{d_j}{d_{a,j}} \cdot \cos \alpha_{t,j} \right) \right) \right) \tag{5-12}$$

$d_{f,j}$	[mm]	Fußkreisdurchmesser Zahnrad j	$m_{n,j}$	[mm]	Normalmodul Zahnrad j
z_j	[-]	Zähnezahl Zahnrad j	β_j	[°]	Schrägungswinkel Zahnrad j
$x_{E,j}$	[-]	Erzeugungs-Profilverschiebungsfaktor Zahnrad j	$h_{aP0,j}$	[mm]	Kopfhöhe Werkzeug-Bezugsprofil Zahnrad j
$d_{a,j}$	[mm]	Kopfkreisdurchmesser Zahnrad j	$z_{j,G}$	[-]	Zähnezahl Gegenrad zu Zahnrad j
a	[mm]	Achsabstand	$d_{f,G,j}$	[mm]	Fußkreisdurchmesser Gegenrad zu Zahnrad j
c	[-]	Kopfspielfaktor	$S_{at,j}$	[mm]	Stirnzahndicke am Kopfkreisdurchmesser Zahnrad j
$\alpha_{n,j}$	[°]	Normaleingriffswinkel Zahnrad j	$\alpha_{t,j}$	[°]	Stirneingriffswinkel Zahnrad j
d_j	[mm]	Teilkreisdurchmesser Zahnrad j			

Zur Auslegung der Verzahnungen wird ein vollausgerundeter Zahnfuß angestrebt. Die Berechnung der entsprechenden, maximalen Werkzeug-Kopfabrundung erfolgt für geradflankige Bezugsprofile nach **Gleichung (5-13)**. Aufgrund der spezifischen Auslegung der Werkzeuggeometrie für Innenverzahnungen wird im ersten Schritt eine Reduzierung des Werkzeug-Kopfabrundungsradius für das Hohlrad um 40 % vorgenommen, um eine Spitze am Werkzeugprofil zu vermeiden.

$$\rho_{aP0,j} = \frac{h_{aP0,j} - \frac{\pi \cdot m_{n,j}}{4 \cdot \tan \alpha_{n,j}}}{1 - \frac{1}{\sin \alpha_{n,j}}} \tag{5-13}$$

$\rho_{aP0,j}$	[mm]	Kopfabrundung Werkzeug-Bezugsprofil Zahnrad j	$h_{aP0,j}$	[mm]	Kopfhöhe Werkzeug- Bezugsprofil Zahnrad j
$m_{n,j}$	[mm]	Normalmodul Zahnrad j	$\alpha_{n,j}$	[°]	Normaleingriffswinkel Zahnrad j

5.2.3 Einbauposition

Mounting Position

Nachdem die Montierbarkeit des Stufenplanetengetriebes mithilfe einer geeigneten Zähnezahlkombination sichergestellt wurde, wird in diesem Abschnitt die erforderliche Positionierung der Stufenplaneten während der Montage untersucht. Wie beschrieben, wird der Winkel zwischen den beiden Planetenrädern als identisch für alle Stufenplaneten angenommen. Außerdem sollen die Stufenplanten gleichmäßig über dem Umfang des Trägers verteilt werden. Eine Skizze der Verzahnungen in Montageposition ist in **Bild 5-3** links dargestellt. Wie in Detailansicht A zu erkennen ist, befindet sich eine Zahnlücke des Hohlrades in der oberen Position und ist mit der Ziffer 1 gekennzeichnet. Die Nummerierung der Zahnlücken an den Zentralrädern und der Zähne an den Planeten erfolgt in mathematisch positive Richtung um die z-Achse – gegen den Uhrzeigersinn in Bild 5-3. Die erste Zahnlücke der Sonne ist in Richtung der y-Achse nach oben ausgerichtet. Der Planet 1 des Stufenplaneten 1 im Sonnenkontakt ist dementsprechend mit Zahn 1 in negative y-Richtung nach unten ausgerichtet, siehe Detailansicht B in Bild 5-3 rechts. Der Planet 2 des Stufenplaneten 1 ist mit Zahn 1 in Richtung der y-Achse nach oben orientiert, siehe Detailansicht A. Mit dieser Definition sind die Positionen der Zentralräder und des Stufenplaneten 1 fixiert. Zur Visualisierung der Drehwinkel der Stufenplaneten sind Zahn 1 von Planet 1 und Zahn 1 von Planet 2 mit Punkten markiert und mit einer Linie verbunden.

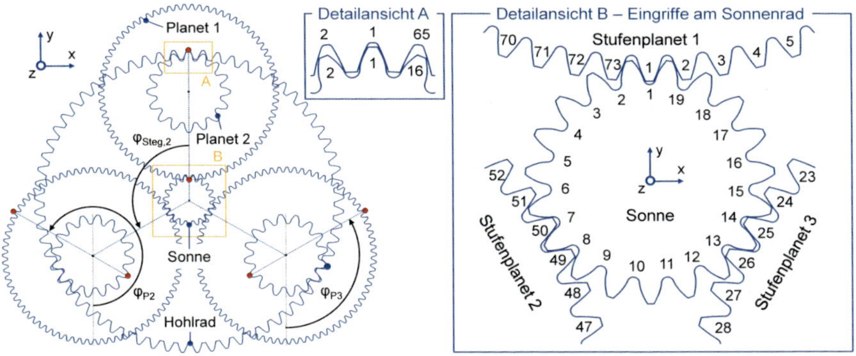

Bild 5-3: Stufenplanetengetriebe in Montageposition

Stepped Planetary Gear Stage in Assembly Position

Die Berechnung der Positionierung der weiteren Stufenplaneten zur Montage wird anhand des Teilungsversatzes der Eingriffe der Planetenräder mit den Zentralrädern hergeleitet. Aufgrund der mehrfachen Verwendung der Modulo-Funktion wird die mathematische Definition in **Gleichung (5-14)** dargelegt.

$$mod(y_1, y_2) = y_1 - y_2 \cdot \left\lfloor \frac{y_1}{y_2} \right\rfloor \quad mit\ 0 \leq |mod(y_1, y_2)| < |y_2| \tag{5-14}$$

y_1	[-]	Variable 1	y_2	[-]	Variable 2

Zunächst wird der Teilungsversatz der Eingriffe an den Zentralrädern aufgrund des Stegwinkels berechnet. Die Berechnung für die Sonne-Planet 1 Eingriffe Δp_{Si} erfolgt nach **Gleichung (5-15)** und entsprechend für die Eingriffe Planet 2-Hohlrad Δp_{Hi} nach **Gleichung (5-16)**. Der Winkel $\varphi_{Steg,i}$ beschreibt dabei den Winkel zwischen der Vertikalen (y-Achse) und der Verbindungslinie zwischen den Mittelpunkten der Sonne und des Stufenplaneten i in mathematisch positiver Richtung. Der Teilungsversatz im Sonneneingriff wird anschließend in einen Drehwinkel des jeweiligen Stufenplaneten umgerechnet, siehe **Gleichung (5-17)**. Mit diesem Drehwinkel $\varphi_{Pi,\Delta pS}$ ist sichergestellt, dass der Planet 1 im Eingriff mit der Sonne korrekt ausgerichtet ist, vgl. Bild 5-3 rechts.

Im weiteren Vorgehen wird der Stufenplanet i, bestehend aus dem jeweiligen Planeten 1 und Planeten 2, iterativ um eine Teilung im Sonne-Planet 1 Eingriff rotiert, bis der Teilungsversatz im Planet 2-Hohlrad Eingriff den zuvor berechneten Wert Δp_{Hi} in Summe ausgleicht. Die Berechnung der Anzahl Teilungen im Planet 2-Hohlrad Eingriff, die aufgrund einer Drehung des Stufenplaneten um g Teilungen im Sonne-Planet 1 Eingriff überwunden wird, ist in **Gleichung (5-18)** in Abhängigkeit von g beschrieben. Das zu lösende Problem ist in **Gleichung (5-19)** formuliert, wobei die Lösung g* der Anzahl zu drehende Teilungen im Sonne-Planet 1 Eingriff entspricht, die notwendig ist, um die benötigte Phasenverschiebung im Planet 2-Hohlrad Eingriff zu erzielen. Der Drehwinkel zur Montage des Stufenplaneten i wird schließlich aus der Summe des Stegwinkels und der beiden Winkel $\varphi_{Pi,\Delta pS}$ und $\varphi_{Pi,\Delta pH}$ berechnet, siehe **Gleichung (5-20)**. In Bild 5-3 sind links die Winkel φ_{P2} und φ_{P3} eingezeichnet.

$$\Delta p_{Si} = mod\left(\frac{\varphi_{Steg,i}}{2 \cdot \pi} \cdot z_S\, , 1\right) \tag{5-15}$$

$$\Delta p_{Hi} = mod\left(\frac{\varphi_{Steg,i}}{2 \cdot \pi} \cdot |z_H|, 1\right) \tag{5-16}$$

$$\varphi_{Pi,\Delta pS} = \Delta p_{Si} \cdot \frac{2 \cdot \pi}{z_{P1}} \tag{5-17}$$

$$p_{Hi,g}(g) = \frac{g \cdot \frac{2 \cdot \pi}{z_{P1}} + \varphi_{Pi,\Delta pS}}{\frac{2 \cdot \pi}{z_{P2}}} = \frac{z_{P2}}{z_{P1}} \cdot (g + \Delta p_{Si}) \tag{5-18}$$

$$g^* = \underset{g \in \mathbb{Z}}{solve} \left| mod\left(p_{Hi,g}(g), 1\right) + \Delta p_{Hi} = 0 \right| \tag{5-19}$$

$$\varphi_{Pi} = \varphi_{Steg,i} + \varphi_{Pi,\Delta pS} + \varphi_{Pi,\Delta pH} = \varphi_{Steg,i} + \varphi_{Pi,\Delta pS} + g^* \cdot \frac{2 \cdot \pi}{z_{P1}} \tag{5-20}$$

Δp_{Si}	[-]	Teilungsversatz Eingriff Sonne Stufenplanet i	$\varphi_{Steg,i}$	[rad]	Stegwinkel Stufenplanet i
z_S	[-]	Zähnezahl Sonne	Δp_{Hi}	[-]	Teilungsversatz Eingriff Hohlrad Stufenplanet i
z_H	[-]	Zähnezahl Hohlrad	$\varphi_{Pi,\Delta pS}$	[rad]	Drehwinkel Planet i aufgrund Teilungsversatz Sonne
z_{P1}	[-]	Zähnezahl Planet 1	$p_{Hi,g}$	[-]	Anzahl Teilungen im Hohlrad Eingriff von Planet i
g	[-]	Ganze Zahl	z_{P2}	[-]	Zähnezahl Planet 2
g^*	[-]	Anzahl Teilungen Rotation	φ_{Pi}	[rad]	Drehwinkel zur Montage des Stufenplaneten i
$\varphi_{Pi,\Delta pH}$	[rad]	Drehwinkel Planet i aufgrund Teilungsversatz Hohlrad			

Zur Sicherstellung einer korrekten Montage der Planeten ist die Berechnung der den Drehwinkeln zuzuordnenden Zähne und Lücken der Zahnräder notwendig. Die jeweils im Eingriff stehenden Lücken an den Zentralrädern $l_{S,i,M}$ bzw. $l_{H,i,M}$ und Zähne an den Planeten $z_{P1,i,M}$ bzw. $z_{P2,i,M}$ werden nach **Gleichung (5-21)**, **Gleichung (5-22)**, **Gleichung (5-23)** und **Gleichung (5-24)** berechnet. Zu beachten ist, dass die Winkel entsprechend der gleich- oder gegensinnigen Dreh- und Nummerierungsrichtung, wie in den Gleichungen beschrieben, ab- bzw. aufgerundet werden müssen. So sind bei den Sonne-Planet 1 Eingriffen die Lücken- und Zahnnummern beim Abwälzen der Verzahnungen gegenläufig, wohingegen sie bei den Planet 2-Hohlrad Eingriffen gleichläufig sind, vgl. Detailansichten A und B in Bild 5-3.

$$l_{S,i,M} = \left\lfloor \frac{\varphi_{Steg,i}}{2 \cdot \pi} \cdot z_S \right\rfloor + 1 \tag{5-21}$$

$$z_{P1,i,M} = mod\left(\left\lceil mod\left(\frac{\varphi_{Steg,i} - \varphi_{Pi}}{2 \cdot \pi}, 1\right) \cdot z_{P1} \right\rceil + 1, z_{P1}\right) \tag{5-22}$$

$$z_{P2,i,M} = mod\left(\left\lceil mod\left(\frac{\varphi_{Steg,i} - \varphi_{Pi}}{2 \cdot \pi}, 1\right) \cdot z_{P2} \right\rceil + 1, z_{P2}\right) \tag{5-23}$$

$$l_{H,i,M} = \left\lceil \frac{\varphi_{Steg,i}}{2 \cdot \pi} \cdot z_H \right\rceil + 1 \tag{5-24}$$

$l_{S,i,M}$	[-]	Montagelücke der Sonne für Stufenplanet i	$\varphi_{Steg,i}$	[rad]	Stegwinkel Stufenplanet i
z_S	[-]	Zähnezahl Sonne	$z_{P1,i,M}$	[-]	Montagezahn Planet 1 an Stufenplanet i
φ_{Pi}	[rad]	Drehwinkel zur Montage des Stufenplaneten i	z_{P1}	[-]	Zähnezahl Planet 1
$z_{P2,i,M}$	[-]	Montagezahn Planet 2 an Stufenplanet i	z_{P2}	[-]	Zähnezahl Planet 2
$l_{H,i,M}$	[-]	Montagelücke am Hohlrad für Stufenplanet i	z_H	[-]	Zähnezahl Hohlrad

5.3 Direkte Optimierung mittels Particle-Swarm-Algorithmus

Direct Optimization with Particle Swarm Algorithm

Die Verwendung naturanaloger Optimierungsalgorithmen ist zur Optimierung technischer Systeme weit verbreitet, vgl. Kapitel 2.2.4. Der Algorithmus wird entweder zur Identifikation eines Optimums in einem Metamodell verwendet oder wird direkt zur Berechnung und Optimierung des Systems verwendet. In diesem Abschnitt wird die direkte Optimierung des Einsatzverhaltens von Stufenplanetengetrieben mit einem Particle-Swarm-Algorithmus beschrieben.

Zur Auslegung der Makrogeometrie von Stufenplanetengetrieben ist die Festlegung verschiedener Randbedingungen notwendig. Die Berechnung valider Verzahnungsgeometrien in Abhängigkeit von widerspruchsfreien Variationsgrößen wurde in Kapitel 5.2 beschrieben. Die Zahnflankenmodifikationen als weitere Randbedingung der Auslegung werden ausschließlich in Form einer konstanten Breiten- und Profilballigkeit verwendet. Zusätzlich sind die Betriebspunkte und Bewertungskriterien als Randbedingungen zu berücksichtigen.

Der Ablauf der Optimierung, die Randbedingungen und die Variationsgrößen sind in **Bild 5-4** dargestellt. Die entwickelte Optimierungsmethode basiert auf einem Particle-Swarm-Algorithmus mit n = 60 Individuen je Generation. Wie auf der rechten Seite von Bild 5-4 zu sehen ist, besteht die Methode aus zwei Abläufen. Der Particle-Swarm-Algorithmus erstellt zunächst die Eingabegrößen der nächsten Generation. Diese werden nacheinander berechnet und bewertet, bevor die Ergebnisse dem Algorithmus wieder zur Verfügung gestellt werden und dieser ein Set optimierter Eingabegrößen für die nächste Generation ableitet. Als Abbruchkriterium wird die Gesamtanzahl berechneter Generationen gewählt.

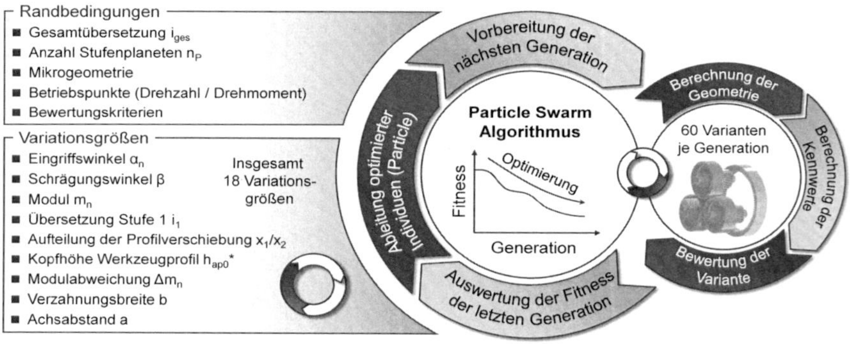

Bild 5-4: Ablauf der direkten Optimierung

Direct Optimization Process

Die Geometriegrößen, die variiert werden, sind in Bild 5-4 links unten aufgeführt. Da bei der Berechnung der Zähnezahlen vorausgesetzt wird, dass die Verzahnungen ohne Profilverschiebung ausgeführt sind, wird eine Modulabweichung Δm_n für jeden Eingriff eingeführt. Mit dieser ist es dem Optimierungsalgorithmus möglich, eine gezielte Veränderung des Normalmoduls, der aus der Berechnung der Zähnezahlen resultiert, vorzunehmen. Mit dieser Veränderung wird gleichzeitig eine Summenprofilverschiebung notwendig, die mit der Variationsgröße *Aufteilung der Profilverschiebung* auf die beiden zu einem Eingriff gehörenden Verzahnungen aufgeteilt wird. Das Werkzeugprofil zur Geometrieberechnung der Verzahnungen wird bei allen Berechnungen vollausgerundet ausgeführt. Der Kopfhöhenfaktor des Werkzeugprofils h_{aP0}^* wird optimiert und damit die Zahnfußform mit in die Optimierung integriert. Insgesamt ergeben sich n = 18 Variationsgrößen, die den Variantenraum definieren. Die Geometrieberechnung ist im Detail Kapitel 5.2 zu entnehmen.

Die Berechnung des Einsatzverhaltens von Stufenplanetengetrieben kann mit verschieden detaillierten Methoden durchgeführt werden. Da die kinematische Kopplung der Eingriffe bei Stufenplanetengetrieben berücksichtigt werden sollte, wird die in Kapitel 4.4.2 beschriebene FE-basierte Zahnkontaktberechnung verwendet. Mit dieser Methode werden die Kennwerte jeder Variante berechnet. Da zum Zeitpunkt der Makrogeometrieauslegung im Entwicklungsprozess das Welle-Lager-System noch nicht definiert ist und somit keine lastbedingten Verlagerungen berechnet werden können, wird eine ideale Ausrichtung der Verzahnungen angenommen.

In der Verzahnungsauslegung können nach Kapitel 2.1.1 die fünf Auslegungsziele *Anregungsverhalten, Tragfähigkeit, Wirkungsgrad, Kosten* und *Robustheit* identifiziert werden. Bei der Makrogeometrieauslegung kann zusätzlich das Volumen des Getriebes oder des Radsatzes als Zielgröße verwendet werden. Die Robustheit der Auslegung ist insbesondere im Hinblick auf die Sensitivität der Zahnflankenmodifikationen gegenüber Verlagerungen relevant. Mit der vorliegenden Methode wird eine umfängliche Bewertung der Zielgrößen *Anregungsverhalten, Tragfähigkeit, Wirkungsgrad,* und *Volumen* durchgeführt, wobei eine Erweiterung um einzelne Zielgrößen möglich ist. Die Tragfähigkeit wird differenziert in Form der maximalen Zahnflankenpressung und der maximalen Zahnfußspannung betrachtet. Das Anregungsverhalten wird mit der Schwankung des Summendrehfehlers und der Wirkungsgrad mit der lastbedingten Verlustleistung im Zahneingriff bewertet. Das Volumen wird auf Basis eines einhüllenden Zylinders beurteilt.

Die Bewertung der Zielgrößen wird zur Vergleichbarkeit untereinander mit einer linearen Notenskalierung vorgenommen. Die Berechnung der Note gr ist in **Gleichung (5-25)** für eine zu minimierende Größe für verschiedene Fälle dargestellt. Überschreitet der berechnete Wert v den Grenzwert der Note 6 v_6, wird eine zusätzliche lineare Verschlechterung der Note vorgenommen. Mit diesem Vorgehen wird verhindert, dass eine Kompensation verschiedener Kenngrößen in unzulässigen Bereichen vorgenommen wird.

$$gr = \begin{cases} 1 & v \leq v_1 \\ 1 + \frac{5}{v_6 - v_1} \cdot (v - v_1) & v_1 < v \leq v_6 \\ 6 + \left(\left(1 + \frac{5}{v_6 - v_1} \cdot (v - v_1) \right) - 6 \right) \cdot 5 & v_6 < v \end{cases} \tag{5-25}$$

gr	[-]	Note	v	[-]	Wert
v_1	[-]	Grenzwert Note 1	v_6	[-]	Grenzwert Note 6

Bei der Getriebeauslegung sind verschiedene Betriebspunkte bestehend aus Drehzahl und Drehmoment relevant. Die Gewichtung der Zielgrößen kann dabei für jeden Betriebspunkt unterschiedlich sein. Zur Bewertung einer Geometrievariante werden mit der FE-basierten Zahnkontaktanalyse Berechnungen bei verschiedenen Betriebspunkten durchgeführt. Anschließend werden die Kenngrößen für jeden Betriebspunkt individuell anhand der linearen Notenskalierung bewertet.

Der Particle-Swarm-Algorithmus ist ein Single Objective Algorithmus und benötigt somit einen Einzahlkennwert als Bewertungskenngröße für jede Variante. Die verschiedenen Zielgrößen werden aus diesem Grund gewichtet und zu einer Gesamtbewertung der Geometrievariante nach **Gleichung (5-26)** summiert.

$$f = \sum_{OP=1}^{n_{OP}} \sum_{k=1}^{n_k} w_{k,OP} \cdot gr_{k,OP} \tag{5-26}$$

f	[-]	Gesamtbewertung	$w_{k,OP}$	[-]	Gewichtung der Kenngröße k für Betriebspunkt OP
$gr_{k,OP}$	[-]	Note der Kenngröße k für Betriebspunkt OP	n_{OP}	[-]	Anzahl Betriebspunkte
n_k	[-]	Anzahl Kenngrößen			

Die Vorgehensweise zur Bestimmung der zur Gesamtbewertung benötigten Gewichtungsfaktoren der Kenngrößen $w_{k,OP}$ ist in **Bild 5-5** dargestellt. Für die Auslegung können beispielsweise fünf relevante Betriebspunkte identifiziert werden, siehe unten rechts in Bild 5-5. Zunächst wird die Gewichtung der Zielgrößen für jeden Betriebspunkt festgelegt, vgl. Schritt 1. Das Volumen des Getriebes ist für jeden Betriebspunkt gleich relevant. Die Anregung in Form der Schwankung des Summendrehfehlers ist in diesem Beispiel in Bereichen niedrigerer Drehmomente von höherem Interesse. Die Kenngrößen zur Tragfähigkeit werden dagegen bei höheren Drehmomenten höher gewichtet. Zusätzlich zu der Gewichtung der Kenngrößen für einen Betriebspunkt ist die Gewichtung der Betriebspunkte untereinander möglich. Im dargestellten Beispiel werden die Betriebspunkte mit höherem Drehmoment insgesamt höher gewichtet, siehe Bild 5-5 unten links. Die Gewichtungsfaktoren werden abschließend normiert, sodass eine Vergleichbarkeit verschiedener Gewichtungsvarianten möglich ist, siehe Bild 5-5 oben rechts.

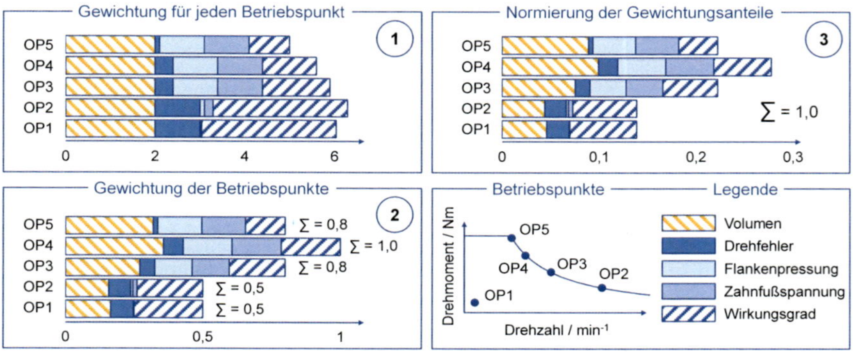

Bild 5-5: Gewichtungsfaktoren für verschiedene Betriebspunkte OP
Weighting Factors for Different Operating Points OP

5.4 Metamodellbasierte Optimierung mittels neuronalen Netzwerks

Metamodel-based Optimization Using Neural Networks

Eine Herausforderung bei der direkten Optimierung stellt die Definition einer für die Anwendung optimalen Bewertungs- und Gewichtungsfunktion dar. Eine Anpassung mindestens einer dieser Funktionen bedingt eine erneute Optimierung, da der Optimierungsalgorithmus die Bewertung einzelner Varianten bereits während der Optimierung berücksichtigt. Das Ergebnis ist somit abhängig von der gewichteten Bewertungsfunktion. Eine metamodellbasierte Optimierung ermöglicht die Anpassung der Bewertungsfunktion mit geringem Aufwand, da die Ergebnisse der Varianten zur Optimierung von einem Metamodell erzeugt werden. Eine Herausforderung stellt dabei jedoch die Erstellung eines Metamodells mit hoher Abbildungsgüte über einen großen Variantenraum dar. Die auf ein notwendiges Minimum reduzierten Variationsgrößen zur eindeutigen geometrischen Beschreibung einer Verzahnungspaarung können als Eingangsgrößen für ein tiefes neuronales Netzwerk dienen. Mit dieser Vorgehensweise umfasst die Metamodellierung den vollständigen Zusammenhang zwischen Geometrieparametern und numerisch berechneten Kenngrößen des Einsatzverhaltens. Insbesondere die nicht-linearen Zusammenhänge zwischen Geometriegrößen und deren kombinierter Einfluss auf die Kontaktbedingungen müssen von dem neuronalen Netzwerk erlernt bzw. antrainiert werden. Eine Möglichkeit zur wissensbasierten Erweiterung der Eingangsdaten stellt die analytische Berechnung von zusätzlichen geometrischen Kenngrößen dar, die zur eigentlichen geometrischen Beschreibung der Verzahnungen nicht notwendig sind. Das Vorgehen zur Erweiterung und metamodellbasierten Optimierung ist in **Bild 5-6** dargestellt, vgl. Kapitel 2.2.3.

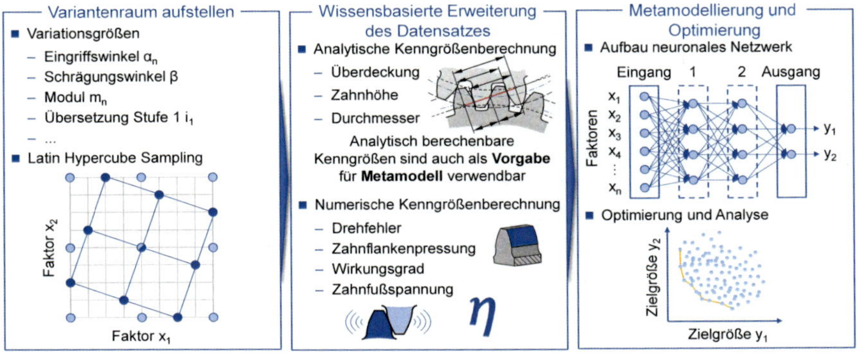

Bild 5-6: Wissensbasierte Erweiterung der Eingangsdaten

Knowledge-based Extension of Input Data

Zunächst wird der Variantenraum aus den in Kapitel 5.2 beschriebenen Variationsgrößen aufgestellt. Der Variantenplan wird aufgrund der hohen Informationsdichte in Form eines Latin-Hypercubes (LHC) erstellt. Der notwendige Umfang des LHC ist abhängig von der Bandbreite der variierten Geometriegrößen. Für jede der Varianten wird eine analytische Berechnung erweiterter Geometriegrößen durchgeführt, siehe Bild 5-6 mittig. Diese Berechnung ist aufgrund der analytischen Formelzusammenhänge numerisch wenig aufwändig und im Zeitbedarf der gesamten Optimierung vernachlässigbar. Die Kenngrößen des Einsatzverhaltens werden für alle Varianten mit GEARFORCE6D unter quasistatischen Betriebsbedingungen berechnet. Der vorliegende Datensatz aus geometrischen Variationsgrößen, zusätzlich analytisch berechneten Kenngrößen und Kenngrößen des Einsatzverhaltens wird in einen Trainings- und einen Testdatensatz aufgeteilt. Mit dem Trainingsdatensatz wird das neuronale Netzwerk trainiert, wobei die Variationsgrößen und die zusätzlich analytisch berechneten Kenngrößen als Eingangsgrößen verwendet werden. Wird eine ausreichende Abbildungsgüte durch den Testdatensatz belegt, ist die Prädiktion des Einsatzverhaltens mit dem neuronalen Netz möglich. Werden neue Varianten erstellt, muss zunächst die analytische Berechnung der zusätzlichen Geometriegrößen durchgeführt werden, sodass alle Eingangsgrößen des neuronalen Netzwerks bekannt sind. Die Anwendung dieser Vorgehensweise wird in Kapitel 7.1 vorgestellt.

5.5 Fazit

Conclusion

Das Ziel dieses Kapitels ist eine Methode zur einsatzgerechten Auslegung der Makrogeometrie von Stufenplanetengetrieben. Die Kinematik von Stufenplanetengetrieben bedingt Montagerestriktionen, die bei der Auslegung berücksichtigt werden müssen. Eine Herausforderung stellt die Identifikation geeigneter Zähnezahlkombinationen unter Berücksichtigung dieser Restriktionen dar, wobei die geometrische Freiheit zur Auslegung der Zahnkontakte aufgrund der zwei getrennten Stufen höher ist als bei normalen Planetengetrieben. Für diesen Zweck wird eine Vorgehensweise erarbeitet, die aus definierten Variationsgrößen eine Zähnezahlkombination resultieren lässt, mit der im Weiteren die individuelle Geometrie der Zahnräder ausgelegt wird. Die Geometrieberechnung wird anschließend in eine Optimierung integriert, wobei sowohl eine direkte als auch eine metamodellbasierte Optimierung betrachtet wird.

Eine Herausforderung bei der Anwendung einer direkten Optimierung mittels Particle-Swarm-Algorithmus ist die Abhängigkeit der berechneten Varianten von der gewählten Gewichtungsfunktion der Zielgrößen. Der Particle-Swarm-Algorithmus definiert die nächste Generation an Varianten auf Grundlage der Bewertung der zuvor berechneten Varianten. Wird nach Abschluss der Optimierung festgestellt, dass die Gewichtung der Zielgrößen untereinander nicht zielführend ist, muss der Optimierungsprozess mit einer veränderten Gewichtungsfunktion der Zielgrößen erneut durchlaufen werden. Eine umfassende Exploration der Kenngrößen des Variantenraums ist somit nicht möglich. Aus diesem Grund wird eine metamodellbasierte Optimierung vorgestellt, die eine nachträgliche Anpassung der Bewertungs- und Gewichtungsfunktion zulässt. Die beschriebene Optimierungsmethode stellt die methodische Grundlage zur Beantwortung der zweiten Forschungsfrage dar und wird zur Auslegung der Prüfstandsverzahnungen für die Validierung der Berechnungsmethoden in Kapitel 7 angewendet.

6 Auslegung der Zahnflankenmodifikationen

Design of Tooth Flank Modifications

Das Einsatzverhalten von Verzahnungen wird maßgeblich durch die Zahnflankenmodifikationen beeinflusst. Die Auslegung zielt insbesondere auf die Kompensation von systembezogenen Einflüssen auf die Tragfähigkeit und das Anregungsverhalten, wie der lastbedingten Verlagerung der Verzahnungen bei elastischen Getriebesystemen und Fertigungs- bzw. Montageabweichungen, ab. Demzufolge ist die Berücksichtigung der Systemsteifigkeit und der dynamischen Wechselwirkungen zwischen Getriebestufen bereits bei der Auslegung der Zahnflankenmodifikationen notwendig. Da die Berechnung des dynamischen Einsatzverhaltens in der Mehrkörpersimulation mit hohen numerischen Aufwänden verbunden ist, wird diese bisher wenig in frühen Entwicklungsstadien zur Auslegung von Zahnflankenmodifikationen unter Berücksichtigung von Fertigungsabweichungen eingesetzt, vgl. Kapitel 2.2.2. Im Folgenden wird eine Methode zur Auslegung von Zahnflankenmodifikationen unter Berücksichtigung dynamischer Belastungen und Verlagerungen durch eine Kombination der in Kapitel 4 beschriebenen Methoden zur Zahnkontaktberechnung vorgestellt. Zunächst wird das übergeordnete Konzept der zur Auslegung verwendeten Optimierungsmethode beschrieben, bevor auf die Auswahl der zu berücksichtigenden Betriebspunkte eingegangen wird. Anschließend wird die mathematische Beschreibung und Fertigbarkeit von topologischen Modifikationen diskutiert, woraufhin abschließend ein metamodellbasierter Optimierungsansatz vorgestellt wird.

6.1 Konzeption der Optimierungsmethode

Conception of the Optimization Method

Die Auslegung der Zahnflankenmodifikationen stellt ein Optimierungsproblem dar, dessen Variable die Geometrie der Zahnflankenmodifikationen ist. Die zu optimierende Zielgröße ist das Einsatzverhalten des Getriebesystems, das wiederum in verschiedene Teilzielgrößen aufgeteilt werden kann, vgl. Kapitel 2.1.1. Zusätzlich ist bei der Auslegung der Zahnflankenmodifikationen die Robustheit gegenüber Fertigungsabweichungen von Systemkomponenten, wie beispielsweise dem Planetenträger, von großer Bedeutung. Die Berücksichtigung dieser zusätzlichen statistisch verteilten Einflussgrößen erweitert den Umfang des Variantenraums, da das Auftreten von Fertigungs- und Montageabweichungen unabhängig von den auszulegenden Zahnflankenmodifikationen ist. Dies hat zur Folge, dass für jede Variante mehrere Verlagerungssituationen aufgrund von Fertigungs- und Montageabweichungen berechnet werden müssen und somit der numerische Aufwand signifikant ansteigt.

Zur Berechnung des dynamischen Einsatzverhaltens ist die dynamische Mehrkörpersimulation etabliert, vgl. Kapitel 2.2.2. Da für die Auslegung der Zahnflankenmodifikationen eine hochdetaillierte Berechnung der Zahnkontakte notwendig ist, müssen numerisch aufwendige Berechnungsmethoden verwendet werden. Die Berechnungsdauer der in Kapitel 4.5 beschriebenen Methode WZL GEARFORCE6D zur Berechnung des dynamischen Einsatzverhaltens von Getriebesystemen in der MKS beträgt auf Desktop-Computern je nach Modellumfang mehrere Stunden und ist aus diesem Grund ungeeignet für eine ressourceneffiziente und umfangreiche Variantenrechnung. Gleichzeitig ist die Berücksichtigung der dynamischen Verlagerung der Zahnräder, die in der MKS berechnet wird, essenziell für die Auslegung der Zahnflankenmodifikationen. Zur Lösung dieses Konfliktes wird im Folgenden eine Kombination der quasistatischen Zahnkontaktanalyse mit der dynamischen Mehrkörpersimulation vorgestellt. Diese Kombination basiert auf der Annahme, dass die Änderung der Zahnflankenmodifikation keinen signifikanten Einfluss auf das Verlagerungsverhalten der Zahnräder und das Verformungsverhalten der Strukturelemente aufweist.

Die Auslegung von Zahnflankenmodifikationen erfordert eine deutliche Reduzierung der Berechnungsdauer im Vergleich zu einer Mehrkörpersimulation mit FE-basiertem Zahnkontakt. Die Erzielung eines dynamischen Gleichgewichts in Mehrkörpersimulationen wird mit sehr kleinen Zeitinkrementen bei der numerischen Lösung erreicht. Die Kontaktpunkte des letzten gültigen Zeitschrittes werden zwar bei der Zahnkontaktberechnung mit WZL GEARFORCE6D als Grundlage für den nächsten Zeitschritt verwendet, jedoch sind der numerische Aufwand zur Berechnung jedes Zeitschrittes hoch und die Änderung der Kenngrößen zwischen den Zeitschritten gering. Dementsprechend resultieren zeitlich hochaufgelöste Ergebnisgrößen in Form der Beschleunigungen, Geschwindigkeiten und Positionen aller im Simulationsmodell enthaltenen Körper, siehe **Bild 6-1** links. Zusätzlich wird während der Berechnung des Zahnkontaktes in der MKS aus der Lastverteilung die maximale Zahnflankenpressung und aus den Drehwinkeln der Zahnräder der Drehfehler der Eingriffe berechnet.

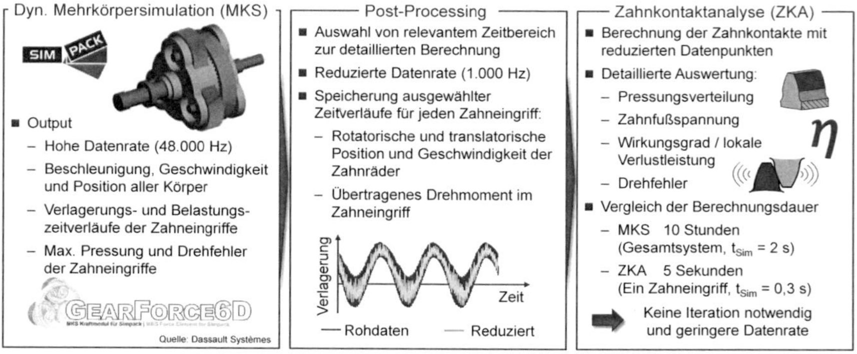

Bild 6-1: Kombination der dynamischen MKS und der quasistatischen ZKA
Combination of the Dynamic MBS and the Quasi-static TCA

Die hohe Datenrate der Ergebnisgrößen ist insbesondere für akustische Auswertungen im Frequenzbereich notwendig. Zur Bewertung der Kontaktbedingungen und Beanspruchungen sind der zeitliche Zusammenhang der Ergebnisse jedoch weniger relevant und eine hohe Datenrate nicht erforderlich. Aus diesem Grund ist ein Post-Processing, bei dem nur ein relevanter Zeitbereich ausgewertet und die Datenrate deutlich reduziert wird, sinnvoll.

Bei der Entwicklung des Berechnungskerns WZL GEARFORCE6D wurde eine unabhängige Berechenbarkeit einzelner Zeitschritte sichergestellt. Zur Berechnung eines beliebigen Zeitschrittes werden die Ergebnisse des vorherigen Zeitschrittes folglich nicht benötigt, können aber als Ausgangswert verwendet werden. Dies bedeutet, dass die Schnittstelle zwischen der dynamischen MKS und dem Kraftmodul WZL GEARFORCE6D auch autark ohne numerische Lösung der Bewegungsgleichungen des Gesamtsystems angesteuert werden können. Somit sind einzelne Wälzstellungen mit der entsprechenden Verlagerungs- und Belastungssituation unter Verwendung der in Kapitel 4.3 beschriebenen Zustandsgrößen nachträglich berechenbar. Im Post-Processing werden somit die Positionen der Marker der Zahnräder und zusätzlich das übertragene Drehmoment zu dem entsprechenden Zeitschritt abgespeichert. Die Auswahl der relevanten Zeitbereiche und Wälzstellungen wird in Kapitel 6.2 detailliert beschrieben.

Die ausgewählten Wälzstellungen werden im nächsten Schritt unabhängig voneinander erneut berechnet. Bei dieser Berechnung können zwei Strategien unterschieden werden. Einerseits sind die Aufstellung und Lösung des Federmodells nach Kapitel 4.4.3 unter Berücksichtigung der berechneten Positionen der Zahnräder möglich. Dabei erfolgt eine detaillierte Nachberechnung von weiteren Kenngrößen, wie beispielsweise der Verteilung der Zahnflankenpressung, welche während der MKS-Berechnung nur als Einzahlkennwert in Form der maximalen Zahnflankenpressung gespeichert wird, oder der lokalen Verlustleistung. Andererseits ist die Verwendung der Verlagerungen, Drehwinkel und des Drehmoments für eine Zahnkontaktberechnung nach Kapitel 4.4.1 möglich. Bei diesem Vorgehen wird das Drehmoment als Randbedingung vorgegeben und der Drehwinkel des ersten Zahnrades zur Identifikation der Wälzstellung verwendet. Aufgrund der Vorgabe des Drehmoments resultiert als Lösung des mathematischen Federmodells eine Starrkörperverschiebung bzw. der Drehwinkel des zweiten Rades. Werden keine Veränderungen an den Zahnflankenmodifikationen vorgenommen, sind die Ergebnisse der beiden Strategien identisch. Mit dem Ziel der Optimierung der Zahnflankenmodifikationen werden die Kontaktabstände geändert. Bei Verwendung der in der MKS berechneten Positionen der Zahnräder können daraus veränderte Durchdringungen resultieren. Diese führen wiederum zu einer Änderung des Drehmoments, was hinsichtlich der Optimierung der Zahnflankenmodifikationen nicht zielführend ist. Aus diesem Grund wird in diesem Fall das Drehmoment als Randbedingung vorgegeben und somit der Zahneingriff für quasistatische Betriebsbedingungen nach Kapitel 4.4.1 gelöst. Mit diesem Vorgehen ist sichergestellt, dass das erforderliche Drehmoment, das sich im Gesamtsystem einstellt, trotz der Änderung der Kontaktgeometrie übertragen wird.

6.2 Identifikation relevanter Belastungen und Verlagerungen

Identification of Relevant Loads and Misalignments

Bei der Optimierung der Kontaktbedingungen in den Eingriffen mit Zahnflankenmodifikationen müssen relevante Betriebspunkte und Verlagerungssituationen berücksichtigt werden. Die angreifenden Belastungen sind oftmals durch externe Randbedingungen vorgegeben und können bei Fahrzeugen beispielsweise aus dem Lieferkennfeld der Antriebsmaschine abgeleitet werden. Zusätzlich können Lastkollektive zur Identifikation von schädigungsrelevanten Betriebspunkten verwendet werden. Der Fokus dieses Kapitels liegt auf der Berechnung von inneren Belastungen und Verlagerungen in den Zahneingriffen aufgrund des Systemverhaltens unter Berücksichtigung von Fertigungsabweichungen der Systemkomponenten.

Die Abbildung des Systemverhaltens erfolgt in der dynamischen Mehrkörpersimulation. Der detaillierte Aufbau eines derartigen Modells wird in Kapitel 7.2.1 vorgestellt. Wie in Bild 4-7 dargestellt, müssen zur Berechnung des Zahnkontaktes mit dem Kraftmodul WZL GEARFORCE6D nach der Initialisierung mit Geometriedaten, Einflusszahlen und Simulationseinstellungen ausschließlich Drehwinkel und Positionen der Zahnräder bekannt sein. Somit ergibt sich die Möglichkeit, das Einsatzverhalten der Zahneingriffe für ausgewählte Verlagerungs- und Belastungssituationen isoliert zu berechnen und zu optimieren. In **Bild 6-2** ist das Vorgehen zur Aggregation von Verlagerungs- und Belastungszeitverläufen zur weiteren Analyse dargestellt. Zunächst werden in der dynamischen Mehrkörpersimulation verschiedene Achslageabweichungen vorgegeben und das Einsatzverhalten simuliert. Die Variationsgrenzen können an den Toleranzen der positionsrelevanten Funktionsflächen orientiert werden. Zusätzlich ist die Vorgabe von langwelligen Abweichungen, wie einer Exzentrizität oder einem Taumel möglich.

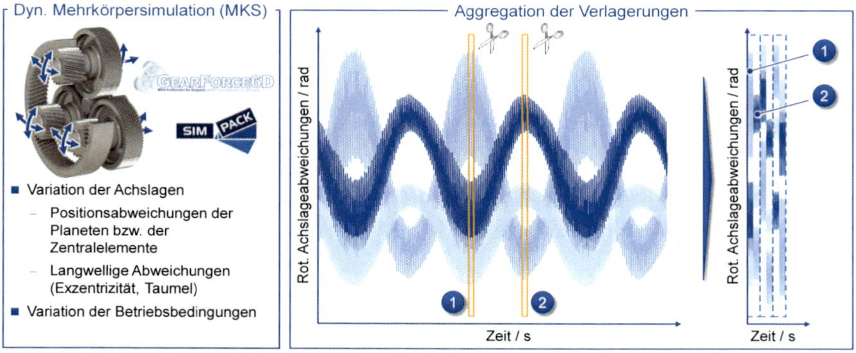

Bild 6-2: Aggregation der Verlagerungs- und Belastungszeitverläufe
Aggregation of Misalignment and Load Time Series

In Bild 6-2 sind rechts beispielhafte Zeitverläufe der Positionsgrößen einer Simulation mit zeitinvarianten Achslageabweichungen dargestellt. Aufgrund der Kinematik des Stufenplanetengetriebes resultieren daraus zeitvariante Positionsabweichungen im lokalen Koordinatensystem des Eingriffs. Die Zeitverläufe weisen eine Periodizität auf, die für eine Optimierung keine zusätzlichen Informationen liefert. Als relevant werden die Zeitbereiche identifiziert, in denen mindestens eine der Positionsgrößen ein Extremum erreicht. Die kurzen Zeitbereiche werden aus allen Simulationen des Variationsbereichs ausgewählt und zu einem gemeinsamen Zeitverlauf aggregiert, siehe Bild 6-2 rechts. Als Bewertungsgrundlage zur Auswahl der Zeitbereiche wird zusätzlich die maximale Zahnflankenpressung als Kenngröße, die bereits während der dynamischen Mehrkörpersimulation berechnet wird, herangezogen. Die notwendige Berechnungsdauer zur Simulation des aggregierten Zeitverlaufs wird weiter reduziert, indem die Zeitinkremente erhöht werden und somit die diskrete Anzahl an Wälzstellungen sinkt. Das resultierende Verlagerungskollektiv wird nachfolgend zur Bewertung verschiedener Zahnflankenmodifikationen verwendet.

6.3 Mathematische Beschreibung und Fertigbarkeit topologischer Zahnflankenmodifikationen

Mathematical Description and Manufacturability of Topological Tooth Flank Modifications

Die Vielzahl der möglichen Zahnflankenmodifikationen in Kombination mit den notwendigen Größen zur Definition dieser, beispielsweise bei Kopfrücknahmen dem Betrag, dem Startdurchmesser und der Form, erschweren eine direkte Variation der genormten Zahnflankenmodifikationen aufgrund der Größe des resultierenden Variantenraums. Verschiedene Definitionen von topologischen Modifikationen mit Spline- oder Polynomansatz sind in Kapitel 2.1.3 beschrieben. WILLECKE ET AL. verwenden eine Spline-Beschreibung mit n = 18 Modifikationsbeträgen an festen Positionen [WILL23 S. 5]. Im Unterschied dazu wird im Folgenden ein Ansatz mit sechs Modifikationsbeträgen und zwei variablen Positionen der Beträge definiert. Die Modifikationsbeträge orientieren sich dabei an Winkelkorrekturen und Balligkeiten in Profil- und Flankenrichtung. Die topologische Modifikation wird aus einer Kurve in Profil- und einer in Flankenrichtung zusammengesetzt, siehe **Bild 6-3** links. Die jeweilige Kurve ist mit drei Stützpunkten definiert, wobei die Position des mittleren Stützpunktes zusätzlich variiert werden kann. Der Modifikationsbetrag des mittleren Punktes wird aus einem vorgegebenen, positiven Wert und dem linear interpolierten Wert an dieser Stelle aus den beiden Randpunkten zusammengesetzt. Auf diese Weise wird verhindert, dass Hohlballigkeiten erzeugt werden, da diese für eine robuste Auslegung gegenüber variierenden Verlagerungen als nicht zielführend eingeschätzt werden. Aus den acht Vorgabewerten wird ein 3x3 Modifikationsgitter erstellt, das als Grundlage für eine Spline-Interpolation dient. Im Detail wird eine Thin-Plate-Spline-Interpolation verwendet, deren Vorteil in einer Krümmungsoptimierung liegt. Die radiale Basisfunktion zur Interpolation kann physikalisch als lokale Biegung einer elastischen Platte mit punktweiser

Fixierung bzw. Belastung interpretiert werden, vgl. Bild 6-3 rechts [DUCH77]. Im Unterschied zu einer quadratischen Polynombeschreibung, die ebenfalls verwendet werden könnte, wird das Maximum der Balligkeit bei einer Verschiebung der Stützstellen zu den Rändern hin ebenfalls stärker in Richtung der Ränder verschoben. Diese Randbedingung ist bei einfachen Polynomfunktionen nicht gegeben. Ein Vergleich einer resultierenden Flankenlinie mit polynombasierter und Thin-Plate Spline Interpolation ist in Bild 6-3 rechts dargestellt. Die Verschiebung der mittleren Stützpunkte ermöglicht eine Beschreibung von Kopf- bzw. Endrücknahmen mit kombinierten Balligkeiten.

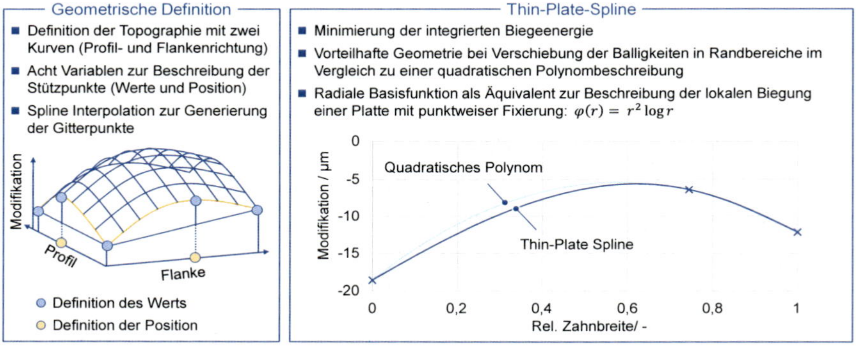

Bild 6-3: Geometrische Definition und Interpolation der topologischen Modifikationen
Geometric Definition and Interpolation of Topological Modifications

Die beschriebene Definition der topologischen Modifikationen bedingt, dass die Profil- und Flankenlinien jeweils untereinander identisch geformt aber verschoben sind. Die Abbildung einer Verschränkung ist bisher nicht vorgesehen, könnte aber mit mindestens einem zusätzlichen Wert ergänzt werden.

Eine wichtige Voraussetzung zur Anwendung von topologischen Modifikationen ist die Fertigbarkeit mit produktiven Verfahren. Das Wälzschleifen als etabliertes Hartfeinbearbeitungsverfahren für große Stückzahlen ist besonders relevant. Das verschränkungskompensierte Wälzschleifen oder auch Diagonalwälzschleifen basiert auf einer Kombination eines kontinuierlichen Shiftens während des axialen Vorschubs, siehe **Bild 6-4** links. Das sogenannte Diagonalverhältnis beschreibt das Verhältnis aus Shift- und Vorschubgeschwindigkeit [SCHR08 S. 130]. BRIMMERS wendete das Diagonalwälzschleifen für topologische Modifikationen an Beveloidverzahnungen an und entwickelte eine Abrichtsimulation mit Form- und Profilrollen [BRIM20 S. 50–56]. Aufgrund der veränderlichen Profilgeometrie über der Zahnbreite war die Verwendung einer Formrolle und ein zeitaufwendiges Zeilenabrichten zur Fertigung der komplexen topologischen Modifikationen notwendig [BRIM20 S. 76].

Bei der in Bild 6-3 beschriebenen Definition für topologische Modifikationen wird eine konstante Profilgeometrie vorausgesetzt. Dies ermöglicht die Anwendung von Profilrollen in Kombination mit einem Diagonalwälzschleifen zur Kompensation der kinematischen Verschränkung aufgrund der zur Generierung der Breitenmodifikationen notwendigen Achsabstandsänderungen, siehe Bild 6-4 rechts. Mit dieser Vorgabe wird eine produktive Fertigbarkeit der ausgelegten topologischen Modifikationen sichergestellt.

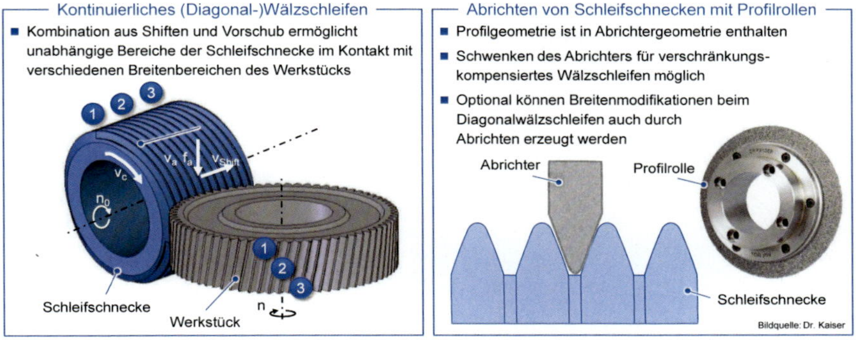

Bild 6-4: Kontinuierliches Wälzschleifen und Abrichten mit Formrollen
Continuous Generating Gear Grinding and Dressing with Form Rollers

6.4 Metamodellbasierte Optimierung mittels neuronalen Netzwerks

Metamodel-based Optimization Using Neural Networks

Zur Auslegung von Zahnflankenmodifikationen in Stufenplanetengetrieben werden die in den vorherigen Abschnitten beschriebenen Ansätze kombiniert und einer Variantenrechnung mit anschließender Metamodellierung zugeführt. Zunächst werden die Größen zur Definition der topologischen Modifikationen (6 Beträge und 2 Positionen) mittels statistischem Versuchsplan in Form eines Latin-Hypercube-Samplings variiert, vgl. **Bild 6-5** links. Die Grenzen der Beträge zur Variantenrechnung können entweder erfahrungsbasiert ausgewählt oder anhand der zu erwartenden Verlagerungen abgeschätzt werden. Die Verlagerungen werden in einem MKS-Modell mit statistisch verteilt vorgegebenen Achslageabweichungen einmalig berechnet und wie in Kapitel 6.2 beschrieben zu einem Verlagerungs- und Belastungskollektiv zusammengeführt, vgl. Bild 6-5 mittig. Die Kenngrößen des Einsatzverhaltens werden für jede variierte Zahnflankenmodifikation berechnet. Aufgrund der veränderten Kontaktabstände durch die Zahnflankenmodifikationen ist eine Berechnung unter quasistatischen Betriebsbedingungen und Vorgabe eines Drehmoments nach Kapitel 4.4.1 erforderlich. Andernfalls wäre nicht sichergestellt, dass das in der MKS-Simulation berechnete Drehmoment übertragen wird.

Der Ergebnisdatensatz wird in einen Trainings- und einen Testdatensatz aufgeteilt. Mit dem Trainingsdatensatz wird ein neuronales Netz trainiert, welches mit dem Testdatensatz auf eine ausreichende Abbildungsgüte geprüft wird. Mit dem neuronalen Netz ist anschließend eine Optimierung der Kenngrößen durch Variation der topologischen Zahnflankenmodifikation möglich, siehe Bild 6-5 rechts. Als Eingangsgrößen fungieren die Parameter zur Beschreibung der topologischen Zahnflankenmodifikation und als Ausgangsgrößen die numerisch berechneten Kenngrößen des Einsatzverhaltens in den Zahnkontakten.

Nach der Auswahl einer optimalen Zahnflankenmodifikation wird abschließend eine erneute Berechnung des Gesamtsystems in der dynamischen MKS durchgeführt. Dieser Schritt verifiziert, ob das bei der Auslegung angenommene Verlagerungsverhalten durch die veränderten Zahnflankenmodifikationen unzulässig beeinflusst wurde.

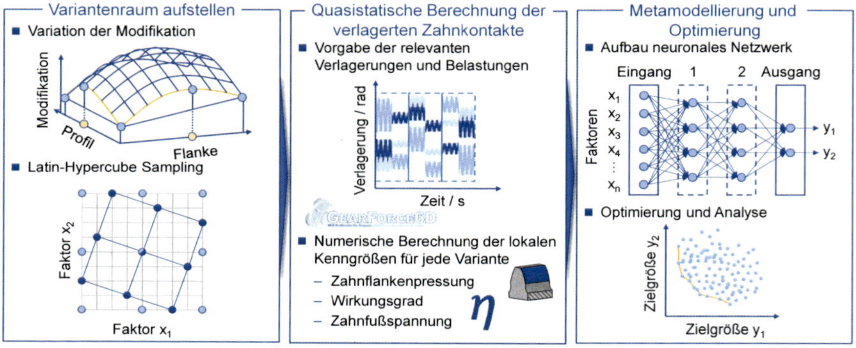

Bild 6-5: Vorgehen zur Auslegung der Zahnflankenmodifikationen
Procedure for Designing Tooth Flank Modifications

6.5 Fazit

Conclusion

Die in diesem Kapitel beschriebene Auslegungsmethode für Zahnflankenmodifikationen von Stufenplanetengetrieben unter Berücksichtigung von dynamischen Verlagerungen und Belastungen dient der Beantwortung der *Forschungsfrage 3*. Die Kombination der dynamischen Mehrkörpersimulation mit der quasistatischen Berechnung von einzelnen Zahnkontakten reduziert die Berechnungsdauer signifikant, sodass eine Variation von topologischen Zahnflankenmodifikationen ermöglicht wird. Die Definition der topologischen Modifikationen sieht eine konstante Profilgeometrie vor, wodurch eine Fertigung im produktiven Wälzschleifen mit Profilrolle sichergestellt wird. Die Metamodellierung wird zur recheneffizienten Optimierung der Zahnflankenmodifikationen eingesetzt. Mit dem beschriebenen Vorgehen ist eine Optimierung des Einsatzverhaltens von Stufenplanetengetrieben mit Fertigungs- bzw. Montageabweichungen durch die Berücksichtigung der dynamischen Verlagerungen bei der Auslegung der Zahnflankenmodifikationen möglich. Die Methode zur Beantwortung der *Forschungsfrage 3* liegt somit vor und wird in Kapitel 7.2 zur Auslegung der Zahnflankenmodifikationen der Prüfstandsverzahnungen angewendet.

7 Anwendung der Auslegungsmethoden für eine Prüfverzahnung

Application of the Design Methods for a Test Gear Set

Zur Untersuchung des Anregungs- und Verlagerungsverhaltens von Stufenplanetengetrieben wird eine Prüfverzahnung ausgelegt. Die Topologie des Getriebes wird an einem Anwendungsbeispiel hergeleitet und schließlich auf die Anforderungen des Prüfaufbaus erweitert. Die Makrogeometrie wird mit der in Kapitel 5 beschriebenen Methode und die Zahnflankenmodifikationen werden mit der in Kapitel 6 vorgestellten Methode ausgelegt.

7.1 Auslegung der Makrogeometrie

Quasistatic Macro Geometry Design

Als Anwendungsbeispiel wird ein Stufenplanetengetriebe für ein elektrisch angetriebenes Fahrzeug ausgewählt. Die Randbedingungen zur Auslegung sind an einem verbrennungsmotorisch angetriebenen Kompaktwagen orientiert. In **Bild 7-1** ist ein Zugkraftdiagramm für ein 6-Gang Schaltgetriebe dargestellt. Die maximale Geschwindigkeit des elektrischen Fahrzeugs soll auf v_{max} = 180 km/h begrenzt werden, woraus die notwendige Gesamtübersetzung des nicht schaltbaren Getriebes bei einer maximalen Drehzahl der elektrischen Antriebsmaschinen von $n_{max,EM}$ = 25.000 min^{-1} zu i_{ges} = 16,60 berechnet wird. Anhand einer angenommenen Nenndrehzahl von $n_{N,EM}$ = 6.250 min^{-1} sowie einer Leistung von P_{EM} = 80 kW der elektrischen Antriebsmaschinen ergibt sich bei Verwendung von zwei Antriebsmaschinen mit Einzelradantrieb ein maximales Drehmoment von M_{EM} = 122,2 Nm. Das Zugkraftdiagramm wird mit zwei elektrischen Antriebsmaschinen und der beschriebenen Getriebeübersetzung in weiten Bereichen sehr gut abgebildet.

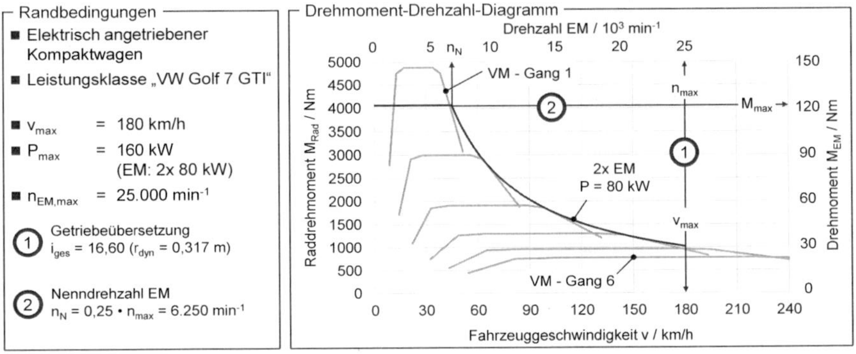

Bild 7-1: Randbedingungen der Makrogeometrieauslegung

Boundary Conditions of the Macro Geometry Design

Für die Auslegung der Prüfverzahnung wird die Getriebeübersetzung des Anwendungsbeispiels übernommen. Der Achsabstand und die Verzahnungsbreiten sind aufgrund der notwendigen Integration der Messtechnik und der teilweise vorhandenen Prüfstandskomponenten bereits festgelegt. Als Betriebsmodus des Stufenplanetengetriebes wird der Antrieb an der Sonne und der Abtrieb am Planetenträger bei einem feststehenden Hohlrad aufgrund der maximalen Übersetzung gewählt.

Zunächst wird ein Datensatz mit n_{Var} = 140.000 Varianten erzeugt, der auf Latin-Hypercube-Sampling basiert. Die Variationsgrößen und Grenzwerte sind in **Tabelle 7-1** zusammengefasst. Die Verzahnungsgeometrie jeder Variante wird nach dem Vorgehen aus Kapitel 5.2.2 berechnet und auf geometrische Validität geprüft. Varianten mit einer Profilverschiebung oberhalb der Unterschnittgrenze oder einer invaliden Werkzeuggeometrie, aufgrund einer Spitze am Werkzeugkopf, werden aussortiert. Da die hierzu notwendigen analytischen Berechnungen nur geringe numerische Ressourcen benötigen, ist ein entsprechendes Vorsortieren der Varianten sinnvoll. Der Datensatz umfasst nach der Prüfung noch n = 18.108 geometrisch gültige Varianten, deren Einsatzverhalten numerisch berechnet wird.

Tabelle 7-1: Grenzen der Makrogeometrieparameter
Limits of Macro Geometry Parameters

Parameter	Minimum	Maximum
Achsabstand a / mm	112,5	
Breite Stufe 1 b_1 / mm	35	
Breite Stufe 2 b_2 / mm	50	
Gesamtübersetzung $i_{SC,soll}$ / -	16,60	
Profileingriffswinkel $\alpha_{n,1}$, $\alpha_{n,2}$ / °	17	27
Schrägungswinkel β_1 / °	0	35
Normalmodul $m_{n,1,soll}$, $m_{n,2,soll}$ / mm	1,7	5,0
Übersetzung Stufe 1 $i_{1,soll}$ / -	2,5	5,5
Aufteilung der Profilverschiebung $x_{S1,Auft.}$, $x_{S2,Auft.}$ / -	0	1
Werkzeug Kopfhöhenfaktor $h_{aP0,S}^*$, $h_{aP0,P1}^*$, $h_{aP0,P2}^*$, $h_{aP0,H}^*$ / -	1	1,8
Anpassung Normalmodul $\Delta m_{n,1}$, $\Delta m_{n,2}$ / mm	-0,05	0,05

Für jede Variante werden vier Betriebspunkte bestehend aus Drehzahl und Drehmoment berechnet, die sich an den Randbedingungen des Prüfstands orientieren (M_{an} = 10, 50, 150, 250 Nm; n_{an} = 200, 2000, 2000, 2000 min^{-1}). Die Berechnung erfolgt für quasistatische Betriebsbedingungen ohne Berücksichtigung von Fertigungsabweichungen oder dynamischen Einflüssen nach Kapitel 4.4.2. Die Ergebnisgrößen umfassen den lastbedingten Verzahnungswirkungsgrad, die Zahnflankenpressung, die Zahnfußspannung und den Drehfehler. Aufgrund der Berechnungsdauer von $t_{Sim} \approx 5$ min je Variante ist die Anzahl der berechenbaren Varianten beschränkt. Auf einem Desktop-PC mit INTEL CORE i7-8700 CPU und 32 GB Arbeitsspeicher können sechs Berechnung parallel erfolgen, sodass die Berechnung des gesamten Variantenraums ca. t_{Sim} = 10 Tage benötigt. Aufgrund der n = 14 Variationsgrößen ist die Anzahl der berechneten Varianten gering, da bereits bei drei Ausprägungen je Variationsgröße ein vollfaktorieller Versuchsplan n_{Var} = 4.782.969 Varianten umfassen würde.

Zunächst werden die n = 14 Variationsgrößen als Input eines neuronalen Netzes verwendet. Als Output werden der Wirkungsgrad der beiden Stufen, die Spannungen der vier Verzahnungen, der Drehfehler der beiden Stufen sowie zwischen der Sonne und dem Träger sowie die Zahnflankenpressungen beider Stufen gewählt. Die Topologie des neuronalen Netzes ist mit drei Ebenen und 256, 192 bzw. 128 Neuronen definiert. Der Vergleich der durch das neuronale Netzwerk prognostizierten und der numerisch berechneten Werte für ausgewählte Ergebnisgrößen des Testdatensatzes ist in **Bild 7-2** dargestellt. Die Ergebnisse zeigen zunächst in hellblau, dass das Bestimmtheitsmaß von vier Ergebnisgrößen höher als R^2 = 90 % ist. Mit R^2 = 50,79 % ist das Bestimmtheitsmaß für den Drehfehler zwischen Sonne und Träger zu gering, um eine sinnvolle Vorhersage des Anregungsverhaltens vorzunehmen. Aus diesem Grund werden, wie in Kapitel 5.4 beschrieben, aufbauend auf den n = 14 Variationsgrößen weitere geometrische Kenngrößen der Zahneingriffe berechnet. Hierzu zählen beispielsweise die Überdeckungen, die Kopf- und Fußhöhen und die Kopf- und Fußkreisdurchmesser. Insgesamt können somit n = 48 Größen als Input für das neuronale Netz verwendet werden. Mit diesen Geometriedaten erfolgt ein erneutes Trainieren des neuronalen Netzes.

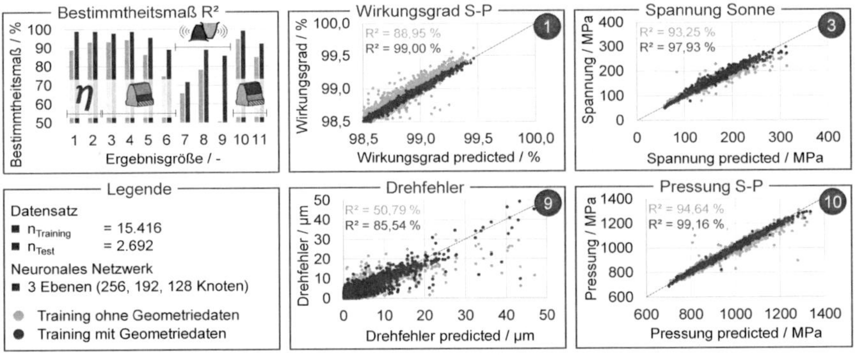

Bild 7-2: Abbildungsgüte des neuronalen Netzwerks
Accuracy of the Neural Network

An den in dunkelblau dargestellten Ergebnissen auf der rechten Seite in Bild 7-2 ist zu erkennen, dass die Streuung abnimmt und die Vorhersagequalität gesteigert werden kann. Das Bestimmtheitsmaß für den Wirkungsgrad der ersten Stufen kann auf R^2 = 99,0 % und für den Drehfehler zwischen Sonne und Träger auf R^2 = 85,54 % gesteigert werden. Mit dieser Vorhersagegüte ist das neuronale Netz zur Prädiktion des Einsatzverhaltens weiterer Varianten sehr gut geeignet. Eine weitergehende Untersuchung des Einflusses der Hyperparameter des neuronalen Netzes auf die Vorhersagegüte wurde nicht durchgeführt, da die vorliegenden Bestimmtheitsmaße bereits ausreichend für die vorgesehene Verwendung sind und dies nicht im Fokus der vorliegenden Arbeit steht. Für die Auslegung der Prüfverzahnung wird ein neuer Datensatz mit n_{Var} = 150.000 Varianten erzeugt. Da die Berechnung der weiteren Geometriegrößen einen zusätzlichen numerischen Aufwand bedeutet, wird zunächst das Einsatzverhalten mit dem neuronalen Netzwerk basierend auf den n = 14 Variationsgrößen vorhergesagt. Die Varianten werden bewertet, woraufhin für die $n_{Var,best}$ = 30.000 besten Varianten auch die weiteren Geometriegrößen berechnet werden. Mit den zusätzlichen Größen wird nun das erweiterte neuronale Netzwerk mit n = 48 Eingabegrößen verwendet. Die somit berechneten Ergebnisse der Varianten sind in **Bild 7-3** dargestellt. Die Berechnung erfolgt in wenigen Sekunden, wohingegen die Berechnung der n_{Var} = 150.000 Varianten in der Zahnkontaktanalyse mit Parallelisierung ca. t_{Sim} = 86 Tage gedauert hätte.

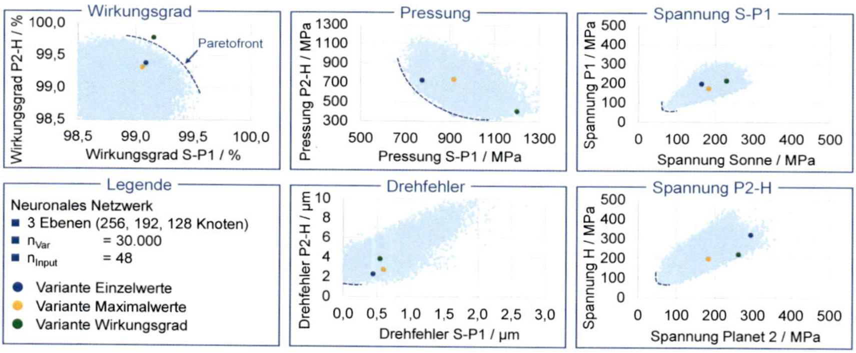

Bild 7-3: Ergebnisse der Makrogeometrievariation
Results of the Macro Geometry Variation

Die Ergebnisse zeigen deutlich ausgebildete Paretofronten zwischen einzelnen Kenngrößen. Beispielhaft wurden drei Varianten ausgewählt, die im Folgenden erläutert werden. Die Variante *Einzelwerte* wurde identifiziert, indem eine lineare Gewichtung der einzelnen Kenngrößen und der Betriebspunkte zueinander vorgenommen wurde. Die Variante liegt für alle Kenngrößen außer den Spannungen nah an der optimalen Pareto-Front. Hinsichtlich der Spannungen ergibt sich ein Defizit, da bei Kenngrößen der Tragfähigkeit insbesondere der ungünstigste Wert maßgebend ist. In der Variante *Einzelwerte* besteht ein Ungleichgewicht zwischen den Spannungen der beiden Stufen. Die Zahnfußspannung am Hohlrad beträgt $\sigma_{F,H}$ = 322 MPa und liegt damit deutlich über dem Wert für die Sonne mit $\sigma_{F,S}$ = 164 MPa. Daher erfolgt eine Bewertung auf Basis der maximal auftretenden Tragfähigkeitskenngrößen. Hierbei werden die maximal auftretenden Zahnfußspannungen aller Verzahnungen sowie die maximalen Zahnflankenpressungen in beiden Eingriffen berücksichtigt. Eine geringere Beanspruchung einer Verzahnung kann somit eine höhere Beanspruchung einer anderen Verzahnung nicht kompensieren. Diese Gewichtung führt zur Variante *Maximalwerte*. Diese weist eine ausgeglichene Belastung sowie vergleichbare Werte hinsichtlich Wirkungsgrad und Anregungsverhalten auf. Wird der Fokus vollständig auf den Wirkungsgrad gelegt, erscheint die Variante *Wirkungsgrad* optimal. Anhand der Zahnflankenpressung wird deutlich, dass diese Variante eine signifikant höhere Pressung im Sonne-Planet 1 Eingriff als im Planet 2-Hohlrad Eingriff aufweist und somit nachteilig ist. Die Verzahnungsdaten der Variante *Maximalwerte* sind in **Tabelle 7-2** dargestellt.

Tabelle 7-2: Verzahnungsdaten Prüfgetriebe
Gear Data Test Gear Set

	Sonne	Planet 1	Planet 2	Hohlrad
Zähnezahl z / -	23	82	31	-136
Achsabstand a / mm	112,5			
Normalmodul m_n / mm	1,84		2,12	
Eingriffswinkel α_n / °	19,2		20,2	
Schrägungswinkel β / °	30,0	-30,0	-12,6	-12,6
Kopfkreisdurchmesser d_a / mm	53,8	179,2	72,9	-288,2
Breite b / mm	35,0	35,0	50,0	50,0
Erzeugungsprofilverschiebungs faktor x_e^* / -	0,0101	0,3824	0,0435	0,4956
Standübersetzung i_{12} / -	15,64			

Die Stirnschnittprofile der beiden Eingriffe sind in **Bild 7-4** auf der linken Seite zu sehen. Die Profile zeigen keine geometrischen Störungen, wie Unterschnitt oder Spitzzähne. Die gleichsinnigen Schrägungswinkel an den beiden Planeten wurden so ausgelegt, dass ein Axialkraftausgleich an der Stufenplanetenwelle resultiert. Die vorliegende Geometrie wird für die Prüfstandsuntersuchungen ausgewählt und gefertigt.

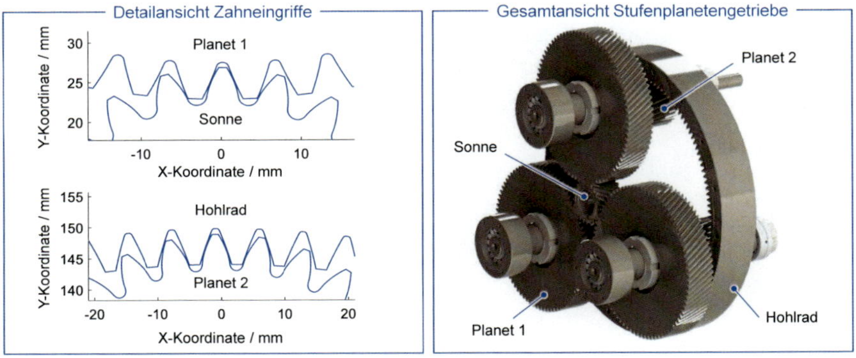

Bild 7-4: Stirnschnitte und 3D-Ansicht Prüfgetrieberadsatz
Axial Cross Section and 3D View Test Gear Set

7.2 Auslegung der Zahnflankenmodifikationen

Tooth Flank Modification Design

Die Zahnflankenmodifikationen werden zur Kompensation von fertigungs- und lastbedingten Verlagerungen ausgelegt. Das Verlagerungsverhalten und die Belastungen werden dazu in der dynamischen Mehrkörpersimulation berechnet. Im Folgenden wird zunächst auf den Modellaufbau eingegangen, bevor die in Kapitel 6 beschriebene Auslegungsmethode angewendet wird.

7.2.1 Modell zur Simulation des dynamischen Einsatzverhaltens

Model for the Simulation of the Dynamic Operational Behavior

Die Modellierung der Systemkomponenten erfolgt mit dem Ziel, dass möglichst alle relevanten Einflüsse auf das Verlagerungsverhalten und die Belastungen abgebildet werden. Die Bauteile werden als modal reduzierte Körper („Linear Flexible Body") in das Modell integriert, um das Steifigkeits- und Eigenschwingungsverhalten realitätsnah abzubilden. Die maximal berücksichtigte Eigenfrequenz wird zu f = 20.000 Hz festgelegt, um einerseits hochfrequente Eigenschwingungen zu berücksichtigen, aber andererseits die benötigte Berechnungsdauer nicht unnötig zu erhöhen. Die Wälzlager werden als Kennfelder, die von der Firma SCHAEFFLER bereitgestellt werden, in Form des Kraftmoduls BEARINX MAP integriert. Zur Berechnung der für die Kennfelderstellung notwendigen Betriebsspiele der Lager wurde ein Berechnungsmodell der Messzelle in der FVA WORKBENCH aufgebaut und für verschiedene Lastfälle ausgewertet. Die Zahnkontakte werden mit dem in Kapitel 4.5 beschriebenen Kraftelement WZL GEARFORCE6D berechnet. Ein vereinfachter Überblick zu den verwendeten Kraftelementen und den damit verbundenen Körpern ist in **Bild 7-5** abgebildet. Eine detaillierte Beschreibung des mechanischen Aufbaus ist in Kapitel 8.1 zu finden.

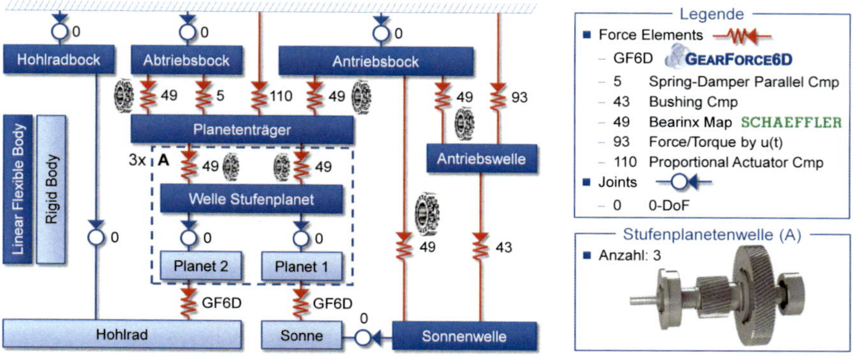

Bild 7-5: Vereinfachter Aufbau des MKS-Modells

Simplified Structure of the MBS Model

Zunächst sind die drei Lagerböcke an ihren Verschraubungspunkten mit jeweils einem Joint ohne Freiheitsgrad (0-DoF: Degrees of Freedom) am Inertialsystem gefesselt, siehe Bild 7-5 oben. Der Planetenträger ist mit zwei Kraftelementen des Typs 49 (BEARINX MAP) im An- bzw. Abtriebsbock gelagert. Die Lagerung im Abtriebsbock wird zusätzlich mit einem Kraftelement des Typs 5 (Spring-Damper Parallel Cmp) für die Tellerfeder kombiniert. Die Darstellung in Bild 7-5 ist vereinfacht, da die Tellerfeder als Starrkörper (Rigid Body) ebenfalls modelliert aber nicht abgebildet ist. Die Tellerfeder ist mit einem Joint, der einen Freiheitsgrad in Richtung des Federwegs besitzt, an der Lagerstelle im Abtriebsbock in den weiteren fünf Freiheitsgraden fixiert. Das Kraftelement vom Typ 49 zur Abbildung des Lagers ist an die Tellerfeder und an den Planetenträger angebunden. Die Kräfte und Momente zwischen Planetenträger und Abtriebsbock in den fünf gesperrten Raumrichtungen des Joints werden somit direkt übertragen. Wohingegen die Kraft in Federrichtung an die Tellerfeder und über das Kraftelement des Typs 5 weitergeleitet wird, bevor sie ebenfalls in den Abtriebsbock eingeleitet wird. Im Planetenträger sind die drei Stufenplanetenwellen in ähnlicher Form modelliert. Die Exzenterbuchsen sind als flexible Körper im Modell des Planetenträgers integriert. Zur Applizierung der Lageabweichungen wird eine starre Verschiebung der Marker zur Positionierung der Lageraußenringe vorgenommen. Der Einfluss der Steifigkeitsänderung des Planetenträgers aufgrund der exzentrischen Bohrungen wird als gering eingeschätzt und vernachlässigt. Die Verzahnungen werden einerseits als flexible Körper in Form von Zylindern mit dem Durchmesser des Teilkreises zur Berücksichtigung des modalen Schwingungsverhaltens und andererseits als masselose Starrkörper zur Vorgabe der Verzahnungsgeometrie modelliert. Die Krafteinleitung aus den Zahnkontakten in die flexiblen Wellen erfolgt unterhalb der Radkörperzylinder, da die Steifigkeit des Radkörpers bereits in der Zahnkontaktberechnung mit dem Kraftelement GEARFORCE6D beinhaltet ist.

Die Regelung des Modells wird mit einem Drehmomentregler (PI-Regler) realisiert. An der Antriebswelle wird ein als *Excitation* definiertes Drehmoment mit dem Kraftelement vom Typ 93 (Force/Torque by u(t)) vorgegeben. Zusätzlich wird der Soll-Zeitverlauf der Abtriebsdrehzahl mit einer *Excitation* definiert. Die Differenz aus Ist-Drehzahl und Soll-Drehzahl wird als Regelgröße des Reglers (Control Element Typ 129, Proportionalfaktor K_P = 1000, Nachstellzeit T_I = 0,1 s) verwendet. Die Parametrierung des Reglers erfolgte erfahrungsbasiert. Die Stellgröße ist das Abtriebsdrehmoment, welches mit dem Kraftelement vom Typ 110 (Proportional Actuator Cmp) aufgeprägt wird.

7.2.2 Anwendung der Auslegungsmethode

Application of the Design Method

Das im vorherigen Abschnitt beschriebene Simulationsmodell wird zur Auslegung der Zahnflankenmodifikationen nach der in Kapitel 6.4 beschriebenen Vorgehensweise verwendet. Zunächst wird ein Datensatz mit verschiedenen Verlagerungs- und Belastungssituationen erzeugt. Die Achslageabweichungen werden in fünf Varianten variiert, siehe **Tabelle 7-3**. Die Exzenterbuchsen der Stufenplaneten bei φ_P = 120 ° und φ_P = 240 ° sind auf der An- und Abtriebsseite immer gleich ausgerichtet. Die Exzenterbuchsen an dem Planeten bei φ_P = 0 ° sind teilweise gegenläufig verdreht, sodass eine Neigung oder Schränkung des Planeten erfolgt. Aufgrund der exzentrischen Mittelpunkte der Buchsen stellen die resultierenden Verlagerungen immer eine Kombination aus Achslageabweichungen dar.

Tabelle 7-3: Variation der Einstellwinkel der Exzenterbuchsen
Variation of the Adjustment Angle of the Eccentric Bushings

Variante	Winkel Exzenterbuchse (e = 100 µm)		
	Planet 0 Antrieb	Planet 0 Abtrieb	Planet 120 und 240
Referenz	90 °	90 °	90 °
Achsabstandsänd.	45 °	45 °	135 °
Stegteilungsfehler	45 °	45 °	-45 °
Schränkung	45 °	-45 °	-45 °
Neigung	45 °	135 °	135 °

Des Weiteren werden die Drehwinkel der beiden Exzenterbuchsen an den Planetenträgerlagern variiert, sodass neben einer Referenzausrichtung eine translatorische und eine rotatorische Verlagerung resultieren. Die Betriebspunkte werden zusätzlich in Form von drei Drehmomenten (M_{an} = 50, 100, 150 Nm) und zwei Drehzahlen (n_{an} = 500, 2000 min^{-1}) variiert, sodass insgesamt n_{Sim} = 90 Simulationen in der dynamischen Mehrkörpersimulation durchgeführt werden.

Die Simulationsergebnisse werden für alle Eingriffe getrennt ausgewertet, wobei insbesondere die Verlagerungs- und Belastungsdaten des Stufenplaneten bei φ_P = 0 ° von Interesse sind, da dieser die höchsten Verlagerungen erfährt. Die nach der in Kapitel 6.2 beschriebenen Vorgehensweise identifizierten Verlagerungs- und Belastungssituationen für den Sonne-Planet 1 Eingriff sind in **Bild 7-6** dargestellt.

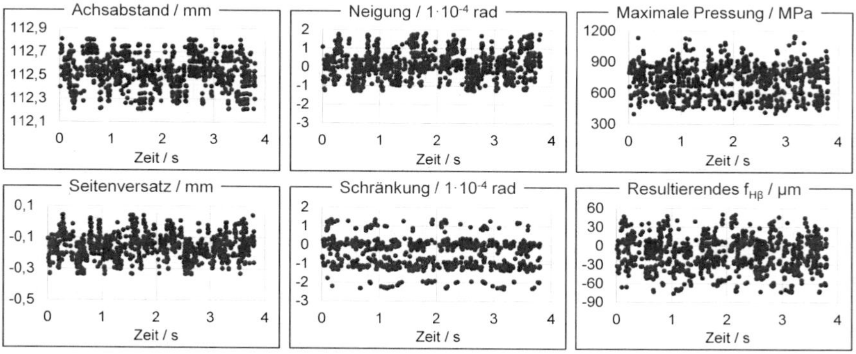

Bild 7-6: Ausgewählte Verlagerungen und Belastungen Sonne - Planet 1
Selected Misalignments and Stresses Sun - Planet 1

Dabei werden alle Zeitpunkte der n_{Sim} = 90 Simulationen ausgewählt, zu denen mindestens eine der in Bild 7-6 dargestellten Größen maximal um Δ = 0,01 % vom Maximum oder Minimum der jeweiligen Größe in der entsprechenden Simulation abweicht. Demzufolge werden die lokalen Maxima und Minima der Simulationen ausgewertet. Trotz dieser Extremwertauswertung zeigen die ausgewählten Verlagerungen und Belastungen eine gleichmäßige Verteilung, da die vorgegebenen Exzenterbuchsenverdrehungen zu unterschiedlich ausgeprägten Achslageabweichungen führen. Die n = 8.208.000 Datenpunkte der n_{Sim} = 90 Simulationen können somit auf $n_{Wst} \approx$ 1.000 Wälzstellungen reduziert werden. Hervorzuheben ist der breite Streubereich der resultierenden Flankenlinienwinkelabweichung, der eine hohe Balligkeit zur Korrektur erwarten lässt, vgl. Bild 7-6 unten rechts.

Das gleiche Vorgehen wird für den Eingriff Planet 2-Hohlrad durchgeführt. Die Ergebnisse in **Bild 7-7** weisen eine signifikant geringere Streubreite der rotatorischen Verlagerungen Neigung und Schränkung auf. Dementsprechend ist die resultierende Flankenlinienwinkelabweichung geringer. Dieser Effekt ist auf die einstellbewegliche Sonne zurückzuführen, da diese im Sonne-Planet 1 Eingriff eine Kompensation der Achslageabweichungen durch eine Auslenkung aus dem idealen Mittelpunkt durchführt. Aufgrund des definierten Drehpunktes der Sonnenwelle im Pendelrollenlager folgt aus der translatorischen Verlagerung der Sonne eine rotatorische Achslageabweichung in den Sonne-Planet 1 Eingriffen. Eine Einstellbeweglichkeit in den Planet 2-Hohlrad Eingriffen ist nicht vorhanden.

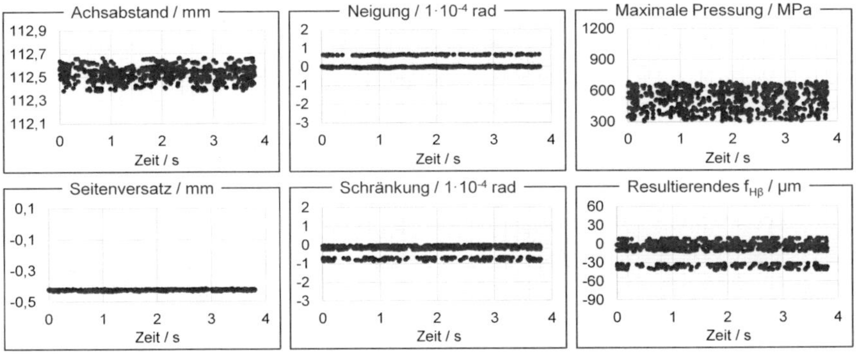

Bild 7-7: Ausgewählte Verlagerungen Planet 2 - Hohlrad

Selected Misalignments Planet 2 - Ring Gear

Die ausgewählten Verlagerungen werden im Folgenden zusammen mit den entsprechenden Drehwinkeln der Zahnräder und dem Drehmoment zu jedem Wälzschritt zur Optimierung der Zahnflankenmodifikationen verwendet. In den Eingriffen wird jeweils nur das Planetenrad topologisch optimiert, um die Anzahl der Variationsgrößen gering zu halten. Die Sonne ist mit einer Standardmodifikation in Form einer Profil- und einer Breitenballigkeit versehen. Die Optimierung der Zahnflankenmodifikationen der Planeten erfolgte mit einem neuronalen Netzwerk. Zur Erstellung wurde ein Latin-Hypercube-Sampling durchgeführt und ein Variantenraum mit n_{Var} = 4.000 Varianten erstellt. Je Variante wurden die acht Vorgabewerte zur Beschreibung der topologischen Zahnflankenmodifikation angepasst (vgl. Kapitel 6.3) und das Einsatzverhalten unter Berücksichtigung der zuvor ausgewählten Verlagerungen mit der quasistatischen Zahnkontaktanalyse berechnet. Die Ergebnisse wurden anschließend in einem Trainings- und einen Testdatensatz aufgeteilt. Mit dem Trainingsdatensatz wurde ein neuronales Netzwerk mit drei Ebenen und 256, 192 bzw. 128 Neuronen trainiert. Die Abbildungsgüte wurde anschließend mit dem Testdatensatz verifiziert, wobei im Sonne-Planet 1 Eingriff Bestimmtheitsmaße von mindestens R^2 = 93,21 % erreicht wurden, vgl. **Bild 7-8** links oben. Mit dem neuronalen Netzwerk wurde das Einsatzverhalten von n_{Var} = 100.000 weiteren topologischen Modifikationen vorhergesagt. Die Ergebnisse für den Sonne-Planet 1 Eingriff sind exemplarisch in Bild 7-8 dargestellt.

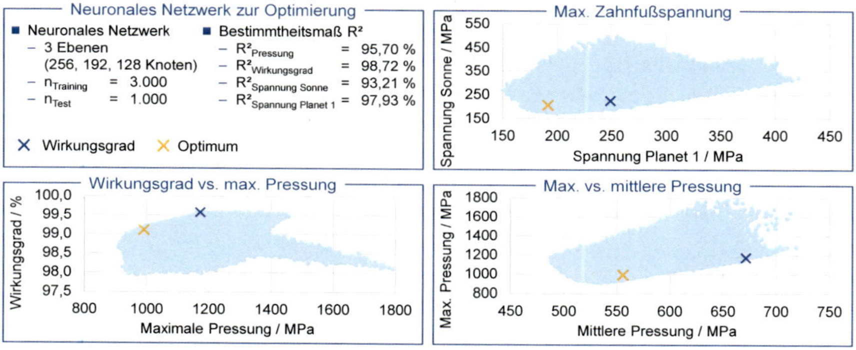

Bild 7-8: Optimierung der Zahnflankenmodifikationen mittels neuronalen Netzwerks
Optimization of Tooth Flank Modifications Using Neural Networks

Die Diagramme zeigen ausgeprägte Paretofronten zwischen den dargestellten Größen, wobei der hohe Einfluss der Zahnflankenmodifikationen auf das Einsatzverhalten deutlich wird. Zur Identifikation einer optimierten Variante wird eine Gewichtung der Kenngrößen vorgenommen, wobei ein Schulnotensystem mit den Grenzen der Kenngrößen zur Bewertung herangezogen wird. Die Zahnflankenpressung, der Wirkungsgrad und die Zahnfußspannung (gemittelt von beiden Zahnrädern) wurde gleichermaßen gewichtet. Die n_{Var} = 4.000 besten Varianten werden im nächsten Schritt erneut mit der quasistatischen Zahnkontaktanalyse berechnet, um Abweichungen bei der Bewertung durch das neuronale Netzwerk auszuschließen. Wird die somit bestimmte Variante *Optimum* in Bild 7-8 mit der Variante *Wirkungsgrad* verglichen, zeigt sich ein ausgewogenes Einsatzverhalten. Die Variante *Wirkungsgrad* weist den höchsten durchschnittlichen Wirkungsgrad über alle Wälzstellungen auf, führt jedoch auch zu einer signifikant höheren maximalen und mittleren Zahnflankenpressung.

Die mit dieser Vorgehensweise bestimmten optimierten Zahnflankenmodifikationen der Variante *Optimum* für beide Eingriffe sind in **Bild 7-9** dargestellt. Die Sonne ist mit einer Standardmodifikation versehen und das Hohlrad wird fertigungsbedingt ohne Zahnflankenmodifikation ausgeführt. Die beiden Planeten weisen topologische Modifikationen auf. Wie erwartet ist die Balligkeit im Sonne-Planet 1 Eingriff trotz der auf der Sonne bereits vorhandenen Balligkeit deutlich ausgeprägter als auf dem Planet 2 des Hohlradeingriffs.

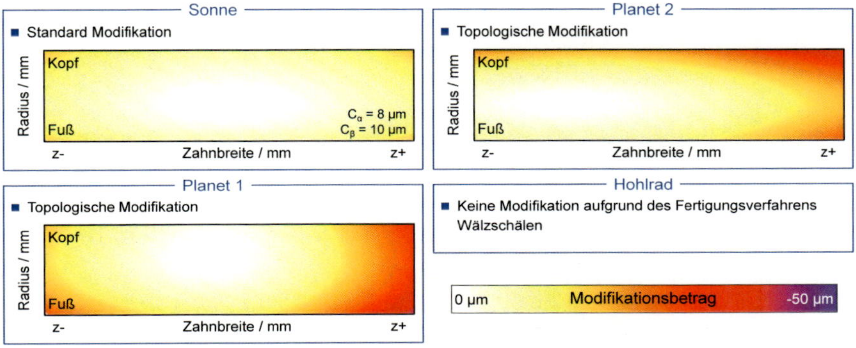

Bild 7-9: Optimierte Zahnflankenmodifikationen
Optimized Tooth Flank Modifications

7.3 Fazit

Conclusion

Das Ziel dieses Kapitels ist die Anwendung der zuvor entwickelten Optimierungsmethoden an einer Prüfverzahnung, die zur Validierung der Methoden und zur Analyse des Anregungs- und Verlagerungsverhaltens von Stufenplanetengetrieben verwendet wird. Die Makrogeometrie wird auf Grundlage eines Anwendungsbeispiels aus der Automobilindustrie und den Randbedingungen des Prüfstands ausgelegt. Der Variantenraum wird unter Anwendung eines neuronalen Netzwerks approximiert und eine für den Anwendungsfall optimale Makrogeometrie identifiziert. Die *Forschungsfrage 2* wird somit erfolgreich beantwortet, indem die in Kapitel 5 entwickelte Auslegungsmethode an einem konkreten Beispiel angewendet wird und das Einsatzverhalten applikationsgerecht optimiert wird.

Zur Auslegung der Zahnflankenmodifikationen wird ein Modell des Prüfstandes in der dynamischen Mehrkörpersimulation aufgebaut, das auch im folgenden Kapitel zur Validierung der Berechnungsmethoden verwendet wird. Die durch Exzenterbuchsen eingebrachten Achslageabweichungen führen zu Verlagerungen in den Zahneingriffen, die berechnet, analysiert und systematisch zusammengefasst werden. Auf dieser Grundlage ermöglicht die anschließende quasistatische Zahnkontaktanalyse – aufgrund der geringen Rechenzeit – eine Variation der Zahnflankenmodifikationen unter Berücksichtigung der ermittelten Verlagerungen. Die daraus berechneten Kenngrößen des Einsatzverhaltens werden mit einem neuronalen Netzwerk approximiert, welches anschließend für die Berechnung eines großen Datensatzes verwendet wird. Die anhand einer Bewertungsfunktion identifizierten besten Varianten werden in einem zweiten Schritt mit der quasistatischen Zahnkontaktanalyse berechnet, sodass die beste Variante abschließend identifiziert werden kann. Mit dem beschriebenen Vorgehen kann das Einsatzverhalten von abweichungsbehafteten Stufenplanetengetrieben durch gezielt ausgelegte topologische Zahnflankenmodifikationen verbessert werden. *Forschungsfrage 3* kann somit auf Grundlage der Kapitel 6 und 7.2 erfolgreich beantwortet werden.

8 Untersuchung des Anregungs- und Verlagerungsverhaltens

Investigation of the Excitation and Displacement Behavior

Die in den vorangegangenen Kapiteln entwickelten Auslegungsmethoden dienen zur Reduzierung des Einflusses von Achslageabweichungen auf das Einsatzverhalten von Stufenplanetengetrieben. In diesem Kapitel wird ein Prüfstand entwickelt, der zur Untersuchung des Anregungs- und Verlagerungsverhaltens verwendet wird. Nach der Vorstellung des Prüfstandskonzept, werden die Wiederhol- und Reproduzierbarkeit des Prüfstandes geprüft. Anschließend werden die Einflüsse der gezielt eingebrachten Achslageabweichungen an den Planetenwellen und am Planetenträger auf den Drehfehler und die Trajektorie der Sonnenwelle untersucht. Abschließend wird die Zahnkontaktberechnung in der dynamischen Mehrkörpersimulation validiert.

8.1 Prüfstandskonzept

Test-Rig Concept

Die Untersuchung von Achslageabweichungen in Stufenplanetengetrieben erfordert ein Prüfstandskonzept, das einerseits eine einfache und wiederholgenaue Einstellung verschiedener Verlagerungszustände erlaubt und andererseits die Integration von Weg- und Drehwinkelmesssystemen ermöglicht. Für Planetengetriebe wurden am WZL bereits zwei Prüfstandskonzepte von PIEL und THELING entwickelt [PIEL20, THEL24]. Die von PIEL entwickelte Planetengetriebemesszelle weist einen stehenden Planetenträger auf, wohingegen die von THELING entwickelte Messzelle ein stehendes Hohlrad hat [PIEL20 S. 45, THEL24 S. 50f]. Aufgrund der bereits vorgesehenen Exzenterbuchsen an den Lagerstellen der Planetenwellen zur Einstellung von Verlagerungszuständen bei der von THELING entwickelten Messzelle wird diese in der vorliegenden Arbeit zur Untersuchung von Stufenplanetengetrieben erweitert [THEL24 S. 50f]. Die entwickelte Messzelle für Stufenplanetengetriebe ist in **Bild 8-1** sowohl in einer Schnitt- als auch in zwei Detailansichten dargestellt. Die Messzelle ist mit drei Lagerböcken modular aufgebaut. Zunächst ist auf der rechten Seite von Bild 8-1 der Antrieb (1) zu sehen. Die Antriebswelle ist mit einem zweireihigen Schrägkugellager in O-Anordnung (Typ 3310, I in Bild 8-1) steif im Antriebsbock gelagert. Da die bestehende Messzelle von THELING eine vollständig bestimmte Sonnenwellenlagerung beinhaltete, konnte das dynamische Verlagerungsverhalten der Sonne bisher nicht vollständig untersucht werden [THEL24 S. 50f]. Die Einstellbeweglichkeit der Sonne wird bei dem neu entwickelten Konzept mit einer Metallbalgkupplung (Hersteller: R+W ANTRIEBSELEMENTE GMBH, Typ: BKH/150/107, 2 in Bild 8-1) sichergestellt. Bei der Auswahl der Kupplung wurde auf eine möglichst geringe Lateral- und Angularsteifigkeit geachtet, sodass die Einstellbeweglichkeit der Sonne nicht eingeschränkt wird. Die Sonnenwelle (4 in Bild 8-1) ist zur Sicherstellung der angularen Einstellbarkeit mit einem Pendelrollenlager (Typ 22210, II in Bild 8-1) gelagert und axial gesichert.

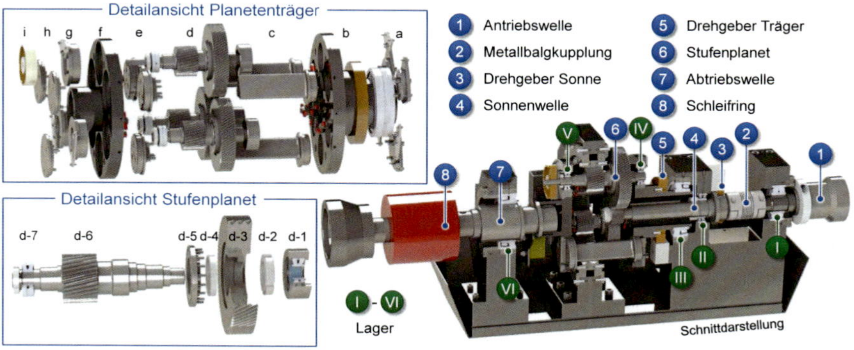

Bild 8-1: Schnitt- und Detailansichten der Stufenplanetengetriebemesszelle
Cross-Sectional and Detailed Views of the Stepped Planet Gear Measuring Cell

Der Planetenträger ist mit zwei Pendelrollenlagern (Typ 23022, III und VI in Bild 8-1) im Antriebs- und Abtriebsbock gelagert. Abtriebsseitig ist zur axialen Vorspannung der Lager des Planetenträgers ein Tellerfederpaket integriert. Mit diesem ist eine Reduzierung des in den Pendelrollenlagern vorliegenden Lagerspiels möglich. Eine Detailansicht des Planetenträgers ist in Bild 8-1 oben links dargestellt. Die Zuordnung der Komponenten des Planetenträgers ist **Tabelle 8-1** zu entnehmen. Zur Sicherstellung der Montierbarkeit der Stufenplanetenwellen (d in Bild 8-1) im Träger ist eine zweiteilige Ausführung der Trägerbolzen (c und e in Bild 8-1) notwendig, da im Montageprozess das Hohlrad bereits ausgerichtet zu Planet 2 positioniert wird. Die Trägerbolzen sind mit Deckeln (a und h in Bild 8-1) auf beiden Seiten in den Trägerwangen (b und f in Bild 8-1) verschraubt. Die Stufenplanetenwellen sind mit Pendelrollenlagern (Typ 22205, IV und V in Bild 8-1) als Fest-Los-Lagerung in den Trägerwangen gelagert.

Tabelle 8-1: Komponenten in Bild 8-1
Components in Bild 8-1

a	Deckel Trägerbolzen Antrieb	b	Trägerwange Antrieb
c	Trägerbolzen Teil I	d	Stufenplanetenwellen
e	Trägerbolzen Teil II	f	Trägerwange Abtrieb
g	Exzenterbuchsen Abtrieb	h	Deckel Trägerbolzen Abtrieb
i	Drehwinkelmesssystem Messplanet		

d-1	Pendelrollenlager mit Exzenterbuchse		
d-2	Nutmutter	d-3	Planet 1
d-4	Spannelement RfN 8006 55x62	d-5	Spannhülse mit Verschraubung
d-6	Ritzelwelle Planet 2	d-7	Pendelrollenlager Abtrieb

Der Planetenträger ist mit einer Passfeder und einer axialen Verschraubung mit der Abtriebswelle (7 in Bild 8-1) verbunden. Auf der Abtriebswelle befindet sich ein Schleifringübertrager (8 in Bild 8-1), der die Messsignale des rotierenden Planetenträgers zum Messsystem überträgt. Im Weiteren werden die Einstellbarkeit der Verlagerungszustände sowie die in der Messzelle verbaute Messtechnik im Detail beschrieben.

8.1.1 Einstellbarkeit von Verlagerungszuständen

Adjustability of Misalignments

Die reproduzierbare Einstellbarkeit verschiedener Verlagerungszustände in der Messzelle ist von großer Bedeutung für die Untersuchungen. Die zu untersuchenden Verlagerungen können in zwei Gruppen unterteilt werden – Achslageabweichungen der Stufenplaneten und Achslageabweichungen des Planetenträgers. Zunächst sollen Achslageabweichungen des Stufenplaneten relativ zum Planetenträger einstellbar sein. Diese treten bedingt durch Fertigungstoleranzen der Positionen der Planetenträgerbohrungen in Seriengetrieben auf. In der Messzelle werden Achslageabweichungen der Stufenplanetenwellen mit Exzenterbuchsen im Planetenträger eingestellt, siehe **Bild 8-2** links. Dieses Prinzip wurde bereits in der von THELING entwickelten Messzelle erprobt [THEL24 S. 50f]. Die Exzenterbuchsen weisen zwischen der Außenfläche, die in den Trägerwangen positioniert ist, und der Innenfläche, welche mit dem Pendelrollenlager der Stufenplanetenwelle in Kontakt steht, eine Außermittigkeit auf. Durch ein Verdrehen der Buchsen kann die Winkellage der Exzentrizität eingestellt werden, wohingegen der Betrag der Exzentrizität konstant ist. In der Messzelle können mit einer gleichsinnig eingestellten Winkellage der beiden Exzenterbuchsen einer Stufenplanetenwelle somit Achsabstandsänderungen und Stegteilungsfehler eingestellt werden. Die resultierenden Achslageabweichungen sind zusätzlich abhängig von der Position der Exzenterbuchsen der anderen Stufenplanetenwellen. Bei einer gegensinnigen Einstellung der Winkellage an einem Stufenplaneten können eine Achsneigung und eine Achsschränkung untersucht werden. Der Betrag der Exzentrizität wurde auf Grundlage von simulativen Voruntersuchungen zu e = 100 µm festgelegt.

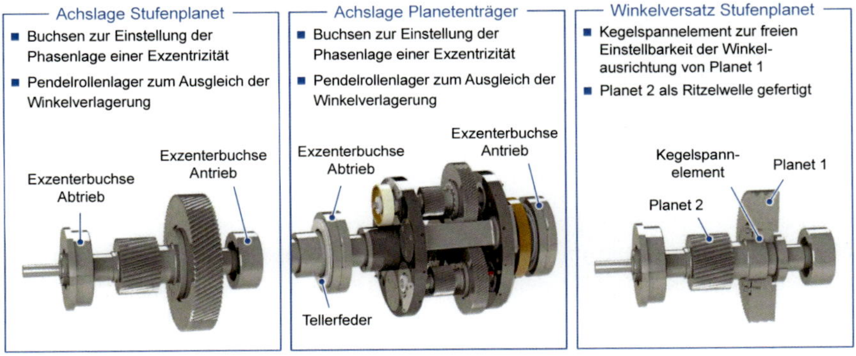

Bild 8-2: Einstellbarkeit von Verlagerungszuständen
Adjustability of Misalignments

Die zweite Gruppe der Achslageabweichungen bezieht sich auf den Planetenträger, siehe Bild 8-2 mittig. Die Lagerung des Planetenträgers kann in Seriengetrieben aufgrund von Fertigungsabweichungen im Gehäuse fehlpositioniert sein. Von Interesse sind, ähnlich wie bei der Achslage der Stufenplaneten, gleichsinnige und gegensinnige Außermittigkeiten der Lagerstellen. Konstruktiv ist die Einstellbarkeit ebenfalls mit Exzenterbuchsen umgesetzt. Im Unterschied zu den Exzenterbuchsen der Planetenwellen werden die Mittelpunkte der Lagerbohrungen in den Lagerböcken bereits um den Betrag der Exzentrizität versetzt zur idealen Position gefertigt. Dies ermöglicht eine Untersuchung der Referenzlage (ohne Lageabweichung des Trägers) sowie der verlagerten Situation ohne Demontage der Messzelle. Die Exzenterbuchsen werden zur Einstellung der Referenzposition in eine zu den Bohrungen im Lagerbock entgegengesetzte Winkellage verdreht, sodass sich die beiden Exzentrizitäten ausgleichen. Die Einstellung von Verlagerungen ist damit auf einer Kreisbahn möglich, die den Referenzfall beinhaltet. Dieses Vorgehen ist nur möglich, da die resultierende Winkellage der Abweichung aufgrund des rotierenden Trägers für die Untersuchungen nicht relevant ist. Da die Winkellage der Exzentrizität am Stufenplaneten unterschiedliche Achslageabweichungen (bspw. Achsabstandsänderung oder Stegteilungsfehler) resultieren lässt, müssen am Stufenplaneten die Exzenterbuchsen zur Untersuchung der Referenzvariante an allen Stufenplaneten in die gleiche Winkellage ausgerichtet werden.

Zusätzlich ist die Untersuchung eines Winkelversatzes zwischen den beiden Planeten auf einer Stufenplanetenwelle möglich. Realisiert ist die Einstellbarkeit des Winkels mit einem Kegelspannelement als Welle-Nabe-Verbindung des größeren Planeten, siehe Bild 8-2 rechts. Die Ausrichtung des Planeten muss auf einem Verzahnungsmesszentrum geprüft und ggf. angepasst werden, wodurch diese Untersuchungen mit einem sehr hohen Aufwand verbunden sind. Relevant für das Einsatzverhalten ist ausschließlich ein Unterschied des Montagewinkels zwischen den drei Stufenplaneten. Ein an allen Stufenplaneten identischer Verdrehwinkel wird durch die Drehung der Zentralräder ausgeglichen. In der vorliegenden Arbeit wird die Winkellage der Planeten nicht variiert.

8.1.2 Charakterisierung des Prüfaufbaus

Characterization of the Test Rig

Aufgrund der hohen Sensitivität des Einsatzverhaltens von Umlaufgetrieben mit mehreren Leistungspfaden auf Achslageabweichungen wird die Ausrichtung der Lagerböcke auf einem Koordinatenmessgerät durchgeführt, siehe **Bild 8-3** links. Der Aufbau umfasst ausschließlich die Grundplatte und die Lagerböcke sowie die Exzenterbuchsen der Planetenträgerlagerung. Zunächst wird ein Referenzkoordinatensystem in den Lagerstellen des Planetenträgers in dem Antriebs- bzw. Abtriebsbock definiert, siehe Bild 8-3 mittig. Dabei sind die Exzenterbuchsen an den Planetenträgerlagerstellen zur Einstellung der Achslageabweichung des Planetenträgers in der Referenzposition eingelegt. Die Ausrichtung dieses Koordinatensystems wird für alle weiteren Auswertungen und Analysen der Achslage in diesem Kapitel verwendet.

Die Messkreise werden an den Lagerstellen der Antriebs- und Sonnenwelle sowie im Hohlrad definiert. Die Ausrichtung erfolgt iterativ, sodass nach mehrmaligem Anpassen und Messen der Lageabweichungen eine sehr gute Positionierung erzielt werden konnte. Zu beachten ist dabei, dass auch das Anziehen der Schrauben zwischen Lagerbock und Grundplatte eine signifikante Abweichung hervorrufen kann.

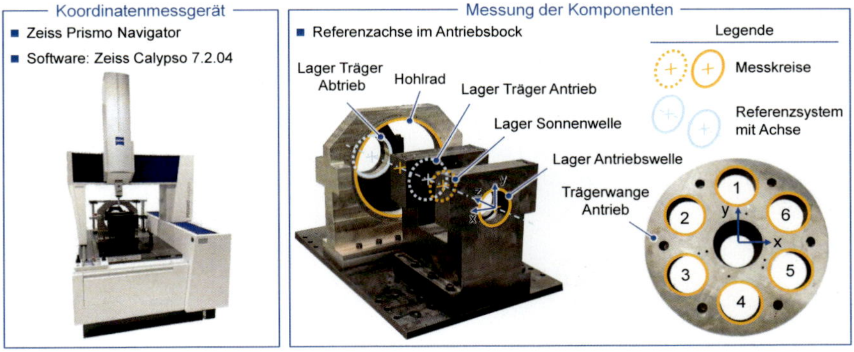

Bild 8-3: Messung der Fertigungs- und Montageabweichungen
Measurement of the Manufacturing and Assembly Deviations

Die erzielten Abweichungen der relevanten Lagerstellen und des Hohlrads nach dem Anziehen der Schrauben mit Nenn-Drehmoment sind in **Tabelle 8-2** dokumentiert. Ein besonderer Wert wurde bei der Ausrichtung auf die x-Komponente der Abweichung Δx und die Winkelabweichung um die y-Achse $\Delta\varphi_y$ gelegt, da diese beiden Größen mit einem Verschieben der Lagerböcke direkt beeinflussbar sind. Die weiteren Werte, insbesondere die Abweichung in y-Richtung Δy des Hohlrades, werden zur detaillierten Berechnung des Anregungs- und Verlagerungsverhaltens in der dynamischen Mehrkörpersimulation in das Simulationsmodell integriert. Die am Prüfstand vorliegenden Achslageabweichungen werden somit im Simulationsmodell berücksichtigt.

Tabelle 8-2: Lageabweichungen der Komponenten
Position Deviations of the Components

Abweichung	Lager Antriebswelle	Lager Sonnen-welle	Hohlrad
Δx / µm	-0,9	-4,6	-2,7
Δy / µm	-16,0	-4,5	65,9
$\Delta\varphi_x$ / °			-0,018
$\Delta\varphi_y$ / °			-0,002

Zusätzlich zur somit bestimmten Position des Planetenträgers wurden die Planetenträgerwangen geometrisch charakterisiert, siehe Bild 8-3 unten rechts. Mit dem Koordinatenmessgerät wurden die Positionen der Bohrungen für die Planeten und die Bolzen in den Trägerwangen gemessen und mit den Sollpositionen verglichen. Die x- und y-Komponenten der Abweichungen wurden in ein Zylinderkoordinatensystem überführt, um die radialen und rotatorischen Lageabweichungen zu identifizieren. Die rotatorischen Positionsabweichungen wurden anschließend mit dem Radius der Bohrungsmittelpunkte multipliziert, um den tangentialen Positionsfehler zu bestimmen. Die Abweichungswerte der einzelnen Bohrungen der Antriebs- und Abtriebswange des Planetenträgers sind in **Tabelle 8-3** dokumentiert. Ein positiver Teilungsfehler entspricht einer Drehung der Bohrungsposition in mathematisch positive Drehrichtung um die z-Achse. Aufgrund der Bohrungen für die Halter der Abstandssensoren am Planetenträger werden die Planeten in die Bohrungen eins, drei und fünf eingesetzt. Die Nummerierung der Bohrungen an der Antriebs- und Abtriebswange ist korrespondierend gewählt. Die Abweichungen an der Antriebswange sind innerhalb der vorgegebenen Fertigungstoleranzen, im Vergleich jedoch bis zu vierfach höher als an der Abtriebswange.

Tabelle 8-3: Fertigungsabweichungen an den Planetenträgerwangen
Manufacturing Deviation of the Planet Carrier Side Plates

Antriebswange			Abtriebswange		
Bohrung	Achsabstandsfehler / µm	Teilungsfehler / µm	Bohrung	Achsabstandsfehler / µm	Teilungsfehler / µm
1	10,57	0,77	1	1,36	-0,48
2	-3,43	-6,43	2	-2,61	-1,09
3	-13,58	7,25	3	-1,48	-0,50
4	-9,48	19,42	4	-4,68	-2,57
5	1,60	23,28	5	-2,26	-5,15
6	12,48	16,40	6	1,16	-4,11

8.1.3 Charakterisierung der Prüfverzahnungen

Characterization of the Test Gears

Zur geometrischen Charakterisierung der Verzahnungen wurden Allzahn-Topographiemessungen auf dem Verzahnungsmesszentrum KLINGELNBERG P65 am WZL durchgeführt. Die gemittelten Abweichungsflächen über alle Zähne zwischen den gefertigten Ist-Modifikationen und den Soll-Modifikationen sind in **Bild 8-4** für alle in der Messzelle verbauten Verzahnungen dargestellt. Zunächst kann festgestellt werden, dass die topologischen Modifikationen erfolgreich gefertigt wurden. Der Wertebereich der dargestellten Farbskala orientiert sich an der Flankenlinien-Gesamtabweichung F_β der Planeten mit einer Flankentoleranzklasse A5 nach DIN ISO 1328:2018 [ISO18]. Die Abweichungen sind für alle Verzahnungen, insbesondere unter Anwendung einer Linienauswertung in Profil- und Flankenrichtung, besser oder gleich der Toleranzklasse A5. Systematische Abweichungen wie beispielsweise eine Flankenlinienwinkelabweichung sind nicht ersichtlich. Die Krümmung der Modifikation in Breitenrichtung ist für die Verzahnungen *Planet 1* geringfügig stärker ausgeprägt als in der Soll-Modifikation.

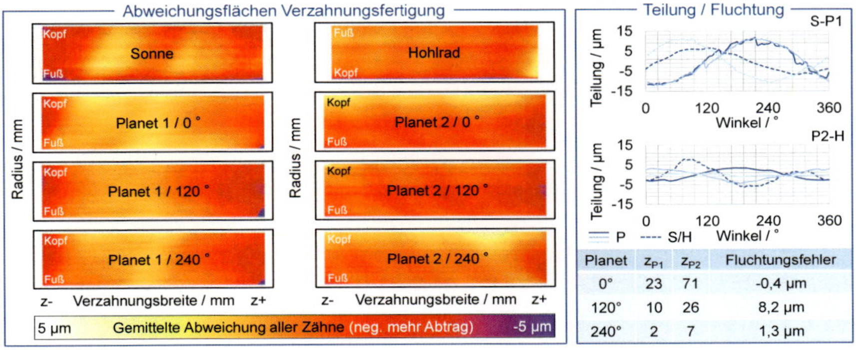

Bild 8-4: Fertigungsqualität der Prüfverzahnungen
Manufacturing Quality of the Test Gears

Bei der Allzahn-Topographiemessung wurde zusätzlich die Teilungs- und Rundlaufabweichung gemessen. Die Verläufe der Teilungsabweichung sind auf der rechten Seite in Bild 8-4 einerseits für die Verzahnungen des Sonne-Planet 1 Eingriffs und andererseits für den Planet 2-Hohlrad Eingriff dargestellt. Eine mögliche Erklärung für die höhere Teilungsabweichung der Verzahnungen *Planet 1* ist die Aufspannung im Profilschleifprozess mit einer Spannbuchse auf einem schmalen Durchmesserbereich. Die Verzahnungen *Planet 2* wurden als Ritzelwellen zwischen Spitzen an geschliffenen Zentrierbohrungen ebenfalls im Profilschleifprozess gefertigt.

Zur Verbindung der beiden Planeten zu einem Stufenplaneten wird ein Kegelspannsatz (Hersteller: RINGFEDER POWER TRANSMISSION GMBH, Typ: RfN 8006-55x62) verwendet. Dieser wird mit einem Deckel vorgespannt und ist somit lösbar. Die rotatorische Ausrichtung bzw. die Phasenlage der beiden Planeten zueinander ist aufgrund der kinematischen Kopplung in Stufenplanetengetrieben von großer Bedeutung für das Einsatzverhalten. Nach der in Kapitel 5.2.3 beschriebenen Methode zur Berechnung der Einbaupositionen und -winkel müssen alle Stufenplaneten einen identischen Phasenversatz zwischen den beiden Planeten aufweisen. Zur Messung des Phasenversatzes wird eine Fluchtungsmessung der montierten Stufenplaneten auf dem Verzahnungsmesszentrum KLINGELNBERG P65 am WZL vorgenommen. Da eine gezielte Einstellung des Phasenversatzes in der benötigten Genauigkeit nur mit hohem Aufwand möglich ist und das Anziehen der Schrauben des Kegelspannsatzes zu Abweichungen führt, wird die Positionierung zufällig wiederholt und der Spannsatz jeweils mit dem Anzugsdrehmoment der Schrauben verspannt. Aufgrund der teilerfremden Zähnezahlen der beiden Planeten liegt für jede Zähnekombination bzw. Zahnfluchtung zwischen Planet 1 und Planet 2 eine andere Phasenlage vor. Statistisch wird bereits nach wenigen Wiederholungen ein geringer Phasenversatz zu einer beliebigen Zähnekombination gefunden. Die tatsächlich benötigte Anzahl Wiederholungen kann jedoch aufgrund der geringen Größe der gefertigten Stichprobe (3 Stufenplaneten) deutlich vom Erwartungswert abweichen. Die nach $n_{W,0°} = 31$, $n_{W,120°} = 13$ und $n_{W,240°} = 56$ Wiederholungen gefundenen minimalen Fluchtungsfehler der beiden Planeten bezogen auf den Grundkreisdurchmesser d_b von Planet 1 sind in Bild 8-4 rechts unten dargestellt. Die angegebenen Zähne der Planeten z_{P1} und z_{P2} werden bei der Montage der Stufenplaneten im Planetenträger und der Phasenlage der Sonne und des Hohlrades beim Einbau berücksichtigt.

Insgesamt kann die Fertigungsqualität der Verzahnungen als sehr gut zusammengefasst werden. Die dokumentierten Abweichungen können zur Erklärung der in den Untersuchungen auftretenden Effekte herangezogen werden. Die Komponenten- und Verzahnungsabweichungen werden in dem Mehrkörpersimulationsmodell zur Validierung der Zahnkontaktberechnung berücksichtigt.

8.1.4 Messtechnik

Measurement Equipment

Die Messzelle ist zur Untersuchung des Anregungs- und Verlagerungsverhaltens mit verschiedenen Messsystemen ausgestattet. Die Messung des Verlagerungsverhaltens wird mit induktiven Miniatur-Abstandssensoren durchgeführt. Hierzu wurden n = 14 Sensoren (Hersteller: CONTRINEX AG, Typ: DW-Ax-509-M8-390) an den Trägerwangen angebracht. Die Lage der drei Planetenwellen wird mit jeweils zwei Sensoren je Trägerwange und die Lage der Sonnenwelle mit zwei Sensoren an der antriebsseitigen Trägerwange gemessen, siehe *AS* in **Bild 8-5**. Aufgrund des Pendelrollenlagers der Sonnenwelle wird der Drehpunkt der Welle als bekannt vorausgesetzt, sodass die translatorische Messung der Sonnenposition in eine angulare Lageabweichung umgerechnet werden kann. Die Messsignale werden mit einem Schleifringübertrager (Hersteller: B-COMMAND GMBH, Typ: RX-HS080B-QS2-00025C01) vom drehenden Planetenträger zum Messsystem übertragen. Die Verlagerung des Planetenträgers wird mit jeweils zwei Abstandssensoren des gleichen Typs an den Trägerwangen relativ zum Hohlradbock gemessen, siehe *AS Träger* in Bild 8-5.

Das Anregungsverhalten wird in Form des Drehfehlers zwischen der Sonne und dem Träger sowie zwischen der Sonne und dem Messplaneten ausgewertet. Die Drehfehler werden aus Signalen von drei magnetischen Inkremental-Drehgebern der Firma BAUMER GMBH berechnet. Der Drehgeber am Planetenträger ist antriebsseitig angebracht, siehe *DG Träger* in Bild 8-5 (Typ: MHGR 200 B5 G120 PN128). Der Drehwinkel der Sonne wird nah am Pendelrollenlager gemessen, sodass die radiale Verlagerung zwischen Rotor und Stator möglichst gering bleibt, siehe *DG Sonne* in Bild 8-5 (Typ: MHGR 100 B5 G80 PN64). Ein Stufenplanet ist als Messwelle mit einem Drehgeber ausgerüstet, siehe *DG Planet* in Bild 8-5 (Typ: MHGR 100 B5 Z16 PN64). Da sowohl der Rotor als auch der Stator des Drehgebers des Messplaneten mit dem Planetenträger rotieren, werden die Signale ebenfalls über den Schleifringübertrager an das Messsystem weitergeleitet. Zur Analyse des Transferpfades und der im System resultierenden dynamischen Anregung werden an den Lagerböcken zusätzlich Beschleunigungssensoren (Hersteller: BRÜEL & KJÆR, Typ: 4525-B-001 bzw. Hersteller: PCB PIEZOTRONICS INC, Typ: HTM352C68) appliziert, siehe *BS* in Bild 8-5. Die Datenerfassung wurde mit einem Messystem der Firma VISPIRON ROTEC GMBH (Typ: RASdeltaFE16) durchgeführt.

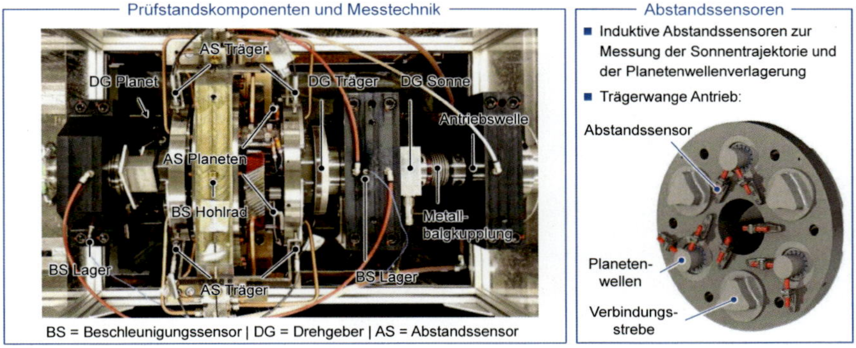

Bild 8-5: Prüfstandskomponenten und Messtechnik
Test Rig Components and Measurement Equipment

8.2 Betriebspunkt und Wiederhol- bzw. Reproduzierbarkeit

Operating Point and Repeatability or Reproducibility

Die Untersuchungen wurden bei verschiedenen konstanten Antriebsdrehmomenten und einer konstanten Drehzahl durchgeführt, um dynamische Einflüsse aus einer Drehzahl-/Drehmomentänderung auszuschließen. Die Drehmomente für die Untersuchungen wurden anhand der Motorenkennfelder und der Komponente mit dem geringsten übertragbaren Drehmoment festgelegt. Die Metallbalgkupplung ist zur Übertragung eines Drehmomentes von M = 150 Nm ausgelegt, sodass dieses als obere Grenze des Antriebsdrehmoments M_{an} festgelegt wurde. Die maximale Drehzahl wurde durch den Schleifringübertrager am Abtrieb auf $n_{ab} = 200\ \text{min}^{-1}$ bzw. $n_{an} = 3.328{,}2\ \text{min}^{1}$ begrenzt. Für die Untersuchungen wurde einerseits eine möglichst hohe Drehzahl bzw. eine hohe Anzahl Trägerumdrehungen zur Identifikation langwelliger Anregungsanteile bei einer definierten Messdauer von t = 60 s und andererseits eine möglichst niedrige bzw. resonanzfreie Drehzahl zur Vermeidung dynamischer Effekte benötigt. Zur Identifikation einer geeigneten Drehzahl wurde ein Drehzahlhochlauf von $n_{an} = 400\ \text{min}^{-1}$ bis $n_{an} = 2.000\ \text{min}^{-1}$ in mathematisch negativer Drehrichtung bei einem konstanten Drehmoment von $M_{ab} = 385{,}5$ Nm durchgeführt. Die Identifikation von Resonanzen der Komponenten in den Beschleunigungsdaten ist beispielhaft für die Messstelle auf dem Hohlradbock in y-Richtung in **Bild 8-6** links als Ordnungsspektrum dargestellt. Besonders gut sichtbar ist ein Band von Eigenfrequenzen bei $f \approx 1.200$ Hz, was einer simulierten Eigenmode des Hohlradbocks zugeordnet werden kann. Im Weiteren sind keine deutlichen Eigenfrequenzen auszumachen. Die beiden Eingriffsordnungen der Stufen des Stufenplanetengetriebes sind entsprechend gekennzeichnet und treten bei $O_{z,S\text{-}P1}$ = 21,62 bzw. $O_{z,P2\text{-}H}$ = 8,17 bezogen auf die Trägerdrehfrequenz auf. Da bei einer Drehzahl von n_{an} = 1.500 min^{-1} die zweite Höherharmonische der Anregungsordnung der ersten Stufe bereits die Eigenfrequenzen anregt und somit eine erhöhte Amplitude aufweist, wird eine Antriebsdrehzahl von n_{an} = 1.000 min^{-1} für die Untersuchungen gewählt.

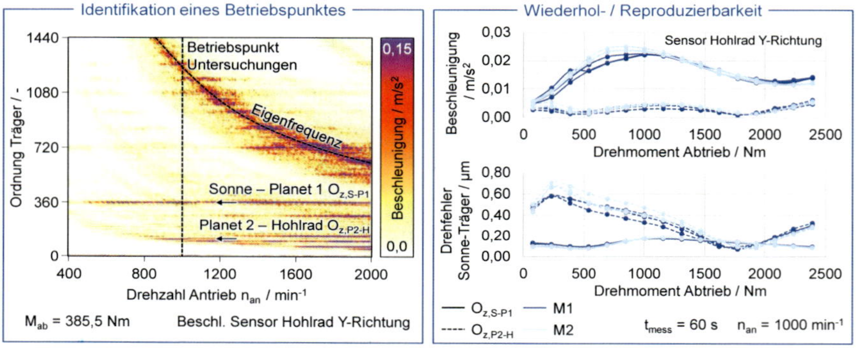

Bild 8-6: Betriebspunkt und Wiederhol- bzw. Reproduzierbarkeit
Operating Point and Repeatability or Reproducibility

Mit der identifizierten Antriebsdrehzahl wurden Untersuchungen zur Wiederhol- und Reproduzierbarkeit durchgeführt. Die Versuchsreihenfolge wurde mit steigendem Drehmoment definiert, wobei drei Wiederholungen der Drehmomentrampen durchgeführt wurden. Unter Wiederholbarkeit wird ein Vergleich der drei Messungen innerhalb eines Messblocks ohne längere zeitliche Unterbrechung bzw. mechanischen Umbau verstanden. Die Reproduzierbarkeit der Untersuchungen wird hingegen unter Berücksichtigung eines mechanischen Umbaus auf eine andere Achslageabweichung und eines längeren zeitlichen Abstands definiert. Die Ergebnisse zur Wiederhol- und Reproduzierbarkeit der Ergebnisse sind in Bild 8-6 rechts dargestellt. Zwischen den beiden Messreihen M1 und M2 wurden verschiedene Achslageabweichungen mechanisch eingestellt und die als Halbschalen ausgeführten Lagerböcke an der Trägerlagerung geöffnet und wieder verschlossen. Zusätzlich wurde der Antriebstrang bis zur Sonnenwelle, inkl. der Metallbalgkupplung zwischen der Sonnen- und Antriebswelle aus- und wieder eingebaut. Die Messungen in Bild 8-6 zeigen eine sehr gute Wiederhol- und Reproduzierbarkeit, sowohl für die Beschleunigungsmessung am Hohlrad in y-Richtung als auch für den Drehfehler der Zahneingriffsordnungen zwischen Sonne und Planetenträger. Das Prüfkonzept eignet sich somit zur wiederhol- und reproduzierbaren Untersuchung des Einflusses von Achslageabweichungen auf das Anregungsverhalten.

8.3 Variation von Achslageabweichungen der Planetenwellen

Axis Misalignments of the Planet Shafts

Die Untersuchung des Einflusses von Achslageabweichungen der Planetenwellen erfolgt hinsichtlich verschiedener Messgrößen. Einerseits wird das Verlagerungsverhalten in Form der Trajektorie der Sonnenwelle analysiert. Andererseits wird das Anregungsverhalten anhand des Drehfehlers zwischen der Sonne und dem Planetenträger sowie zwischen der Sonne und der Messplanetenwelle bewertet. Für die Untersuchungen werden Verlagerungssituationen definiert, die mit den Exzenterbuchsen im Planetenträger eingestellt werden. Eine Übersicht der Varianten ist in **Tabelle 8-4** zu sehen. Die Variante *R - Referenz* stellt die Vergleichsgrundlage für die Untersuchungen dar. Mit der Variante *V01 - Achsabstand und Neigung* wird der Einfluss einer einseitigen Fehlpositionierung einer Lagerstelle der Messplanetenwelle (antriebsseitig) untersucht. Im nächsten Schritt wird eine kombinierte Verlagerung durch eine gegensätzliche Ausrichtung der beiden Lagerstellen der Messplanetenwelle eingestellt, siehe Variante *V02 - Kombiniert*. Da das Einsatzverhalten von Planetengetrieben allgemein sensitiv auf Stegteilungsfehler reagiert, werden ein positiver und ein negativer Stegteilungsfehler mit den Varianten *V03 - Stegteilungsfehler positiv* und *V04 - Stegteilungsfehler negativ* isoliert betrachtet. Ein positiver Stegteilungsfehler resultiert bei den vorliegenden Untersuchungen in einem früheren Kontakt der verlagerten Planetenwelle bei einer negativen Drehzahl (Linkslauf) und in einem späteren Kontakt bei einer positiven Drehzahl (Rechtslauf). Mit der Richtung der Drehzahl wird ebenfalls die Richtung des Drehmoments umgekehrt, sodass bei allen Untersuchungen der Antrieb an der Sonne erfolgt.

Tabelle 8-4: Variantenübersicht - Einstellwinkel der Exzenterbuchsen
Variant Overview - Adjustment Angle of the Eccentric Bushings

Variante	Winkel Exzenterbuchse (e = 100 µm)		
	Planet 0° Antrieb	Planet 0° Abtrieb	Planet 120° und 240°
R - Referenz	90 °	90 °	90 °
V01 - Achsabstand und Neigung	135 °	45 °	45 °
V02 - Kombiniert	45 °	-45 °	0 °
V03 - Stegteilungsfehler positiv	30 °	30 °	-30 °
V04 - Stegteilungsfehler negativ	-30 °	-30 °	30 °

Die Rotation der Exzenterbuchsen resultiert bei den Varianten *V01* und *V02* in einer unterschiedlichen Zusammensetzung von Verlagerungsanteilen in den Eingriffen. Eine detaillierte Beschreibung der Anteile ist in **Tabelle 11-1** für die Sonne - Planet 1 und Planet 2 - Hohlrad Eingriffe zu finden.

8.3.1 Verlagerungsverhalten

Displacement Behavior

Die Verlagerung der Sonnenwelle wird mittels zweier induktiver Abstandssensoren erfasst, die auf einen geschliffenen Absatz der Sonnenwelle ausgerichtet sind, vgl. Kapitel 8.1.4. Die auf dem Planetenträger montierten Sensoren liefern Messwerte, die unter Berücksichtigung der absoluten Winkellage des Trägers in das Inertialsystem umgerechnet werden. Durch die umlaufende Messung lassen sich konstante Abweichungen des Messmittelpunkts herausrechnen.

Die Trajektorie der Sonnenwelle wird zunächst für die Variante *R - Referenz* bei positiver und negativer Drehzahl untersucht. **Bild 8-7** zeigt links die Trajektorien für eine Trägerumdrehung jeweils bei minimalem und maximalem Drehmoment der Messreihe. Die Trajektorien lassen sich entsprechend der Drehrichtung gruppieren, wobei ihr Mittelpunkt deutlich vom Nullpunkt abweicht. Eine Erhöhung des Drehmoments führt zu einer Verschiebung der Trajektorie. Zudem vergrößert sich die radiale Ausdehnung der Trajektorie mit steigendem Drehmoment geringfügig.

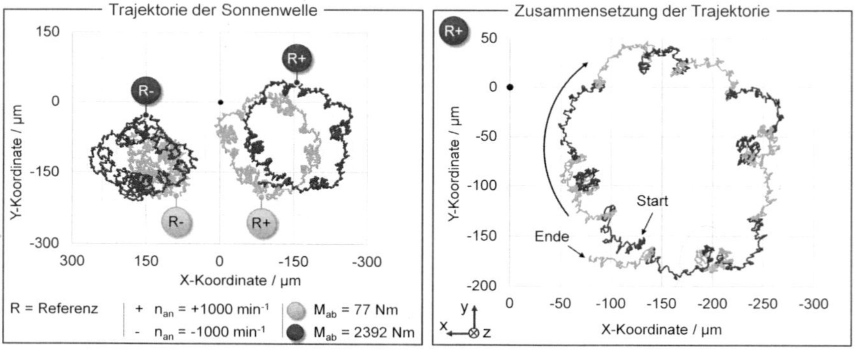

Bild 8-7: Trajektorie der Sonne - Referenz

Trajectory of the Sun Gear - Reference

Die Form der Trajektorien ergibt sich aus einer Überlagerung kreisförmiger Bewegungen. Bild 8-7 zeigt rechts die Trajektorie bei positiver Drehrichtung und maximalem Drehmoment im Detail. Die größere Kreisbewegung verläuft dabei in derselben Richtung wie die Rotation des Planetenträgers. Pro Umlauf des Planetenträgers vollzieht die Sonnentrajektorie eine vollständige Umdrehung, wobei zusätzlich 15 bis 16 überlagerte Kreisbewegungen erkennbar sind. Die einzelnen Schleifen sind in Bild 8-7 rechts abwechselnd hell- und dunkelblau markiert. Die Analyse mehrerer Trägerrotationen zeigt, dass die Anzahl der überlagerten Kreisbewegungen der Standübersetzung i_0 = 15,64 entspricht. Dies weist auf einen langwelligen Einfluss der Sonnenrotation auf die Trajektorie hin. Auffällig ist zudem, dass der Radius der resultierenden Trajektorie im Verhältnis zu den fertigungsbedingten Achslageabweichungen des Prüfaufbaus vergleichsweise groß ist, vgl. Kapitel 8.1.2.

Der Einfluss der mittels Exzenterbuchsen eingebrachten Achslageabweichungen auf die Trajektorie der Sonnenwelle bei negativer Drehrichtung und maximalem Drehmoment ist in **Bild 8-8** dargestellt. Die Verlagerungsvarianten *V01 - Achsabstand & Neigung* und *V02 - Kombiniert* zeigen nur einen geringen Einfluss auf die Form der Trajektorie sowie auf die Lage ihres Mittelpunktes. Im Gegensatz dazu führt ein Stegteilungsfehler zu einer deutlichen Vergrößerung des Trajektorienradius, siehe Bild 8-8 unten. Die Kreisbewegung erster Ordnung wird dabei ausgeprägter, wodurch die überlagerten Schleifen klarer sichtbar werden. Der Radius der Trajektorie ist bei positivem Stegteilungsfehler (*V03*) größer als bei negativem Stegteilungsfehler (*V04*).

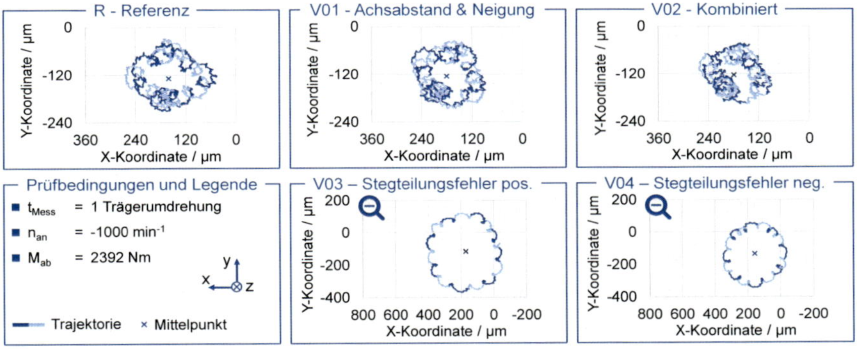

Bild 8-8: Trajektorie der Sonne - Achslageabweichungen

Trajectory of the Sun Gear - Axis Misalignments

Die durch die Verlagerung der Sonne veränderten Kontaktbedingungen in den Sonne-Planet 1-Eingriffen lassen sich auch in den Tragbildern nachvollziehen. Zur Analyse wurden bei allen Versuchsreihen Tragbildaufnahmen angefertigt, die in **Bild 8-9** entsprechend den untersuchten Varianten für die negative Drehrichtung dargestellt sind.

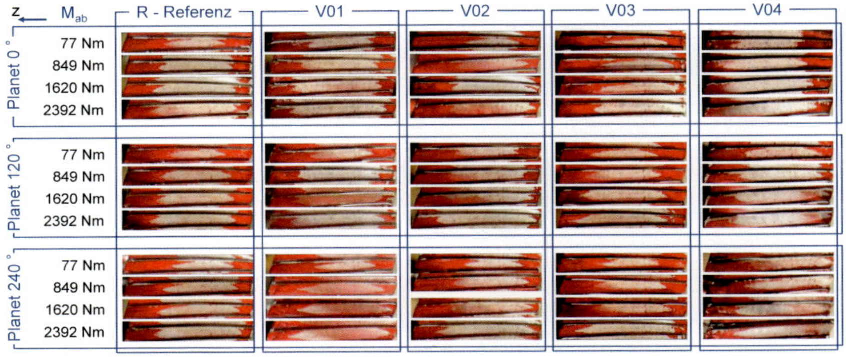

Bild 8-9: Tragbilder - Achslageabweichungen

Contact Patterns - Axis Misalignments

Die Tragbilder der Variante *R - Referenz* zeigen bei allen Planeten eine vergleichbare Ausprägung. Mit steigendem Drehmoment vergrößert sich die Kontaktellipse gleichmäßig. Bei der Variante *V01 - Achsabstand & Neigung* wird der tragende Bereich breiter und dehnt sich stärker nach links in positive z-Richtung aus. Die Tragbilder der Variante *V02 - Kombiniert* sind hingegen geringfügig nach rechts, in negative z-Richtung, verschoben. Insgesamt sind die Unterschiede zwischen der Referenz und den Varianten *V01* und *V02* gering, aber erkennbar.

Bei negativer Drehrichtung führt die Variante *V03 - Stegteilungsfehler positiv* zu einem früheren Kontakt des Planeten bei 0 °, wodurch die Sonne in Richtung der beiden anderen Planetenwellen verdrängt wird. Dies resultiert in einer signifikanten Verschiebung des Tragbildes in negative z-Richtung. Die Planeten bei 120 ° und 240 ° werden in entgegengesetzter Weise, jedoch nur geringfügig, beeinflusst. Der Effekt der Tragbildverschiebung kehrt sich bei der Variante *V04 - Stegteilungsfehler negativ* entsprechend um, da der Planet bei 0 ° später in Kontakt kommt.

8.3.2 Anregungsverhalten

Excitation Behavior

Das Anregungsverhalten unter Achslageabweichungen wird unter Verwendung einer Fast-Fourier-Transformation (FFT) bezogen auf die Trägerrotation als gemitteltes Ordnungsspektrum analysiert. Die aufgrund der Kinematik angeregten Ordnungen sind in **Tabelle 8-5** zusammengefasst. Dabei werden sowohl langwellige Dreh- und Überrollordnungen der Komponenten als auch die Zahneingriffsordnungen betrachtet. Zusätzlich erfolgt eine Auswertung von Höherharmonischen der genannten Ordnungen sowie von modulierten Seitenbändern im Bereich der Zahneingriffsordnungen. Als Signale werden der Drehfehler zwischen der Sonne und dem Planetenträger sowie zwischen der Sonne und dem Messplaneten ausgewertet. Zusätzlich werden die Signale des Beschleunigungssensors auf dem Hohlradbock in Y-Richtung analysiert.

Tabelle 8-5: Ausgewertete Ordnungen in Bezug auf die Trägerrotation
Evaluated Orders in Relation to Carrier Rotation

Bezeichnung	Formelzeichen	Ordnung
Drehordnung Träger	O_T	1,00
Überrollordnung Planeten	$O_{P,Ü}$	4,39
Drehordnung Planeten	O_P	4,95
Überrollordnung Sonne	$O_{S,Ü}$	15,64
Drehordnung Sonne	O_S	16,64
Zahneingriffsordnung Planet 2-Hohlrad	$O_{z,P2-H}$	136,00
Zahneingriffsordnung Sonne-Planet 1	$O_{z,S-P1}$	359,74

Zur Sicherstellung einer ausreichenden Ordnungsauflösung werden die FFT-Auswertungen mit einer Fensterbreite von $N = 2^{20} = 1.048.576$ bei einer Abtastrate der Messsignale von $f_s = 50.000$ Hz durchgeführt. Dies resultiert in einer Frequenzauflösung von $\Delta f = 0{,}0477$ Hz bzw. einer Ordnungsauflösung bezogen auf die Drehordnung des Trägers von ΔO = 0,0476. Die aufgrund der hohen Fensterbreite geringe zeitliche Auflösung der FFT wirkt sich bei einem stationären Betriebspunkt nicht nachteilig aus.

Die Anregungen im Bereich der ersten Zahneingriffsordnung des Sonne-Planet 1 Eingriffs im Drehfehler zwischen Sonne und Träger sind in **Bild 8-10** dargestellt. Die eigentliche Anregungsordnung $O_{z,S\text{-}P1}$ ist in der Mitte der Diagramme grau hinterlegt. Seitlich davon treten mit einem Abstand von jeweils einer Trägerdrehordnung modulierte Seitenbandanregungen auf. Für die Variante *R - Referenz* werden die Ordnungen $O_{z,S\text{-}P1}$ 1 und $O_{z,S\text{-}P1}$ +2 am höchsten angeregt. Die Amplitude der Anregung variiert dabei mit dem aufgebrachten Drehmoment.

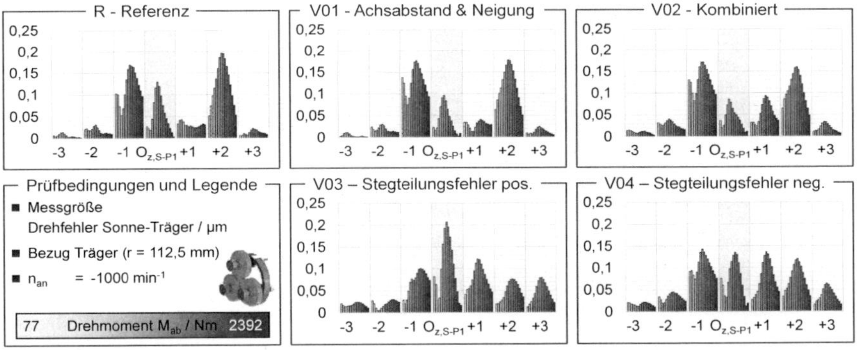

Bild 8-10: Drehfehler Sonne-Träger – Anregung Sonne-Planet 1 Eingriff
Transmission Error Sun-Carrier – Excitation Sun-Planet 1 Gear Mesh

Die Achslageabweichung der Variante *V01* zeigt nur einen geringen Einfluss auf die Amplituden sowie auf die spektrale Zusammensetzung der Anregung. Bei der Variante *V02* wird zusätzlich die erste positive Seitenbandordnung $O_{z,S\text{-}P1}$ +1 in ähnlicher Höhe wie die Hauptanregungsordnung $O_{z,SP1}$ angeregt. Einen deutlich höheren Einfluss haben die beiden Varianten *V03* und *V04* mit definierten Stegteilungsfehlern. Im Fall eines positiven Stegteilungsfehlers tritt die Hauptanregungsordnung $O_{z,SP1}$ deutlich hervor. Gleichzeitig sind die Amplituden der Seitenbandordnungen reduziert und nehmen mit zunehmendem Abstand zur Hauptanregungsordnung ab. Mit einem negativen Stegteilungsfehler wird die Hauptanregungsordnung leicht erhöht. Die Amplituden der ersten negativen sowie der beiden ersten positiven Seitenbandordnungen werden in ähnlicher Höhe angeregt. Die Ergebnisse zeigen, dass ein Stegteilungsfehler die charakteristische Seitenbandstruktur im Sonne-Planet 1 Eingriff signifikant verändert.

Der Drehfehler zwischen Sonne und Träger wurde ebenfalls hinsichtlich der Anregung des Planet 2-Hohlrad Eingriffs ausgewertet. Die Ergebnisse sind analog zur Analyse des Sonne-Planet 1 Eingriffs in **Bild 8-11** dargestellt. Zunächst ist ersichtlich, dass die maximale Anregung etwa dreimal so hoch ist wie im Sonne-Planet 1 Eingriff. Bei den Varianten *R - Referenz* und *V02 - Kombiniert* dominiert die erste negative Seitenbandanregung. Die Varianten *V01*, *V03* und *V04* zeigen eine geringere Anregung dieser Ordnung. Weitere Seitenbandordnungen werden nur geringfügig angeregt und eine charakteristische spektrale Verteilung ist nicht erkennbar. Im Gegensatz zu Anregung im Bereich der Ordnung des Sonne-Planet 1 Eingriffs verändert ein Stegteilungsfehler die spektrale Zusammensetzung nicht signifikant.

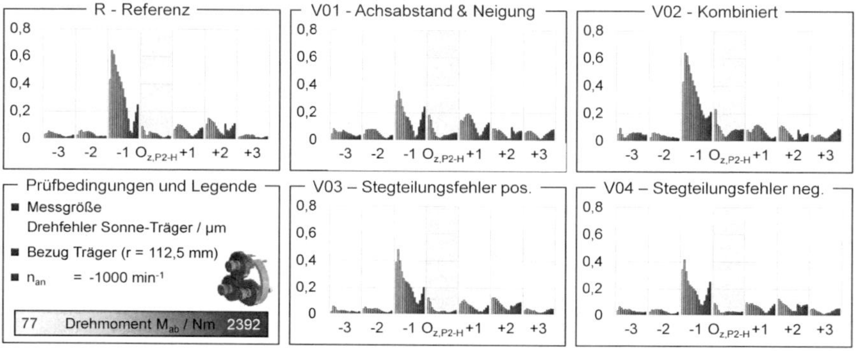

Bild 8-11: Drehfehler Sonne-Träger – Anregung Planet 2-Hohlrad Eingriff

Transmission Error Sun-Carrier – Excitation Planet 2-Ring Gear Mesh

Als weitere Messgröße zur Analyse des Anregungsverhaltens wird der Drehfehler zwischen Sonne und Planetenwelle betrachtet. Die Auswertung der Anregungen im Bereich der Ordnung des Sonne-Planet 1 Eingriffs ist in **Bild 8-12** dargestellt.

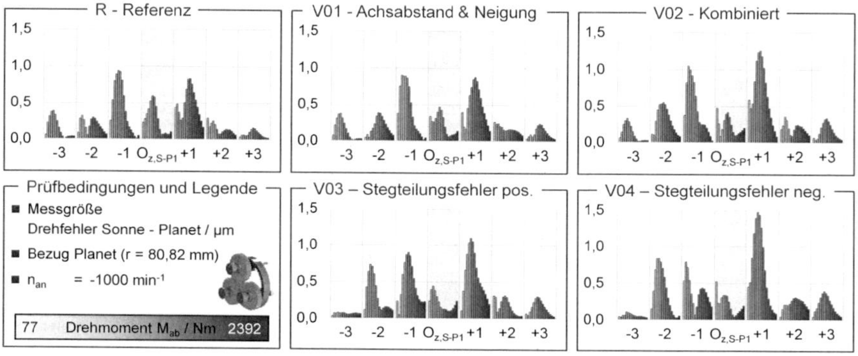

Bild 8-12: Drehfehler Sonne-Planet – Anregung Sonne-Planet 1 Eingriff

Transmission Error Sun-Planet – Excitation Sun-Planet 1 Gear Mesh

Die spektrale Zusammensetzung unterscheidet sich von derjenigen des Drehfehlers zwischen Sonne und Träger. Sowohl die erste positive als auch die erste negative Seitenbandordnung wird deutlich angeregt. Die Hauptanregungsordnung tritt bei Variante *R - Referenz* ebenfalls auf, wobei die Amplitude bei den Varianten mit Achslageabweichungen geringer ist. Der Einfluss der Varianten *V01* und *V03* auf die spektrale

Zusammensetzung der Anregung ist gering. Die Variante *V03 - Kombiniert* zeigt eine erhöhte Anregung der ersten positiven Seitenbandordnung, die sich bei einem negativen Stegteilungsfehler nochmals deutlicher ausprägt, vgl. *V04*.

Die Auswertung der Anregungen im Bereich der Zahneingriffsordnung des Planet 2-Hohlrad Eingriffs im Drehfehler zwischen Sonne und Planet ist in **Bild 8-13** zu sehen. Die Hauptanregungsordnung tritt bei allen Varianten hervor. Zusätzlich wird die zweite negative Seitenbandordnung bei der Variante *R - Referenz* und nochmals deutlicher bei der Variante *V03 - Kombiniert* angeregt. Im Vergleich zu den Anregungen im Bereich der Zahneingriffsordnung des Sonne-Planet 1 Eingriffs sind die Amplituden hierbei bis zu viermal höher.

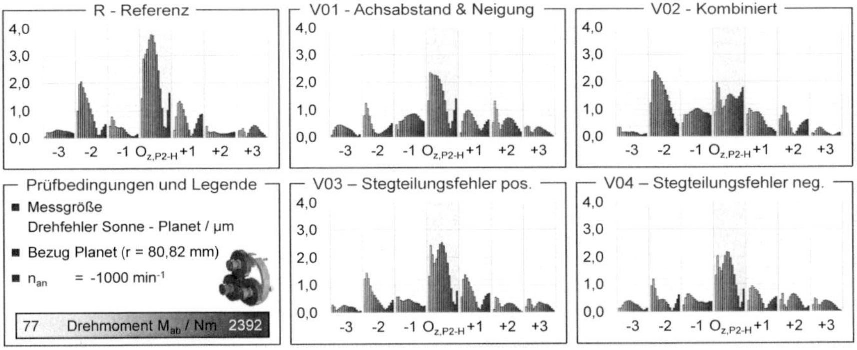

Bild 8-13: Drehfehler Sonne-Planet – Anregung Planet 2-Hohlrad Eingriff
Transmission Error Sun-Planet – Excitation Planet 2-Ring Gear Mesh

Zur Bewertung des Anregungsverhaltens ist zusätzlich die Oberflächenbeschleunigung an den Lagerböcken von Interesse, da an diesen die Abstrahlung des indirekten Luftschalls erfolgt. In **Bild 8-14** sind die Anregungen im Bereich der Zahneingriffsordnung des Sonne-Planet 1 Eingriffs im Beschleunigungssignal des Sensors auf dem Hohlradbock in Y-Richtung dargestellt. Die spektrale Zusammensetzung ist ähnlich zu derjenigen des Drehfehlers zwischen Sonne und Träger. Dies weist darauf hin, dass der Drehfehler zwischen An- und Abtrieb einen stärkeren Einfluss auf das Schwingungsverhalten des Gesamtgetriebes hat als der Drehfehler zwischen Sonne und Planetenwelle. Die Auswertung im Bereich der Zahneingriffsordnung des Planet 2-Hohlrad Eingriffs ist im Anhang zu finden, siehe **Bild 11-2**. Obwohl die Amplituden in diesem Bereich im Drehfehler bis zu dreimal höher ausfallen als beim Sonne-Planet 1 Eingriff, sind die Anregungen im Beschleunigungssignal signifikant geringer. Dabei ist zu berücksichtigen, dass sich der Planet 2-Hohlrad Eingriff räumlich näher an der Sensorposition befindet.

Insgesamt ist der Einfluss der betrachteten Achslageabweichungen auf die kurzwellige Anregung im Drehfehler bei den untersuchten Betriebspunkten gering. Trotz des ausgeprägten Verlagerungsverhaltens bei Vorliegen eines Stegteilungsfehlers wird die spektrale Zusammensetzung lediglich im Drehfehler zwischen Sonne und Träger im Bereich der Zahneingriffsordnungen des Sonne-Planet 1 Eingriffs signifikant beeinflusst.

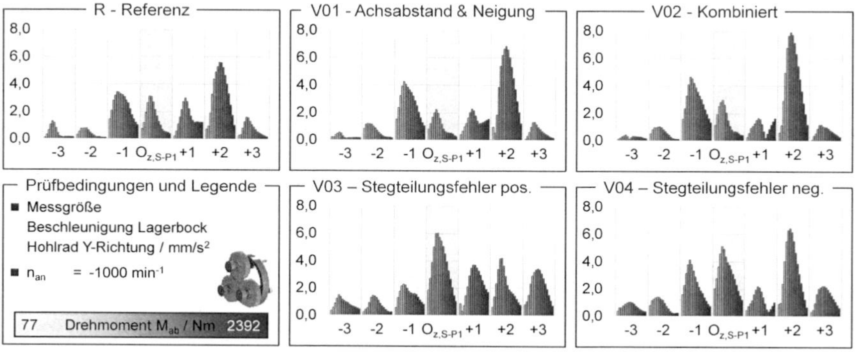

Bild 8-14: Beschleunigung Hohlradbock – Anregung Sonne-Planet 1 Eingriff

Acceleration Ring Gear Block – Excitation Sun-Planet 1 Gear Mesh

Die mit jeder Trägerumdrehung auftretende Bewegung der Sonnenwelle weist auf eine Anregung mit der ersten Trägerdrehordnung als langwellige Komponente hin, vgl. Bild 8-7. Diese sowie weitere langwellige Anregungen wurden für alle drei Messsignale ausgewertet. Die vollständigen Ergebnisse sind im Anhang in **Bild 11-3**, **Bild 11-4** und **Bild 11-5** dargestellt. In **Bild 8-15** sind die ausgewählten, für die Analyse relevanten Ordnungen zusammenfassend dargestellt.

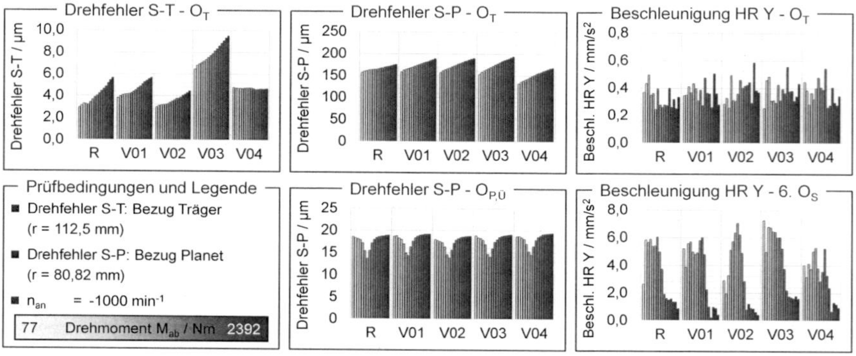

Bild 8-15: Langwellige Anregungen in den Messsignalen

Long-Wave Excitations in the Measurement Signals

In der oberen Reihe von Bild 8-15 ist die Trägerdrehordnung in den drei Messsignalen für die fünf Varianten dargestellt. Im Drehfehler zwischen Sonne und Träger zeigt sich, dass die Variante *V03 - Stegteilungsfehler positiv* eine erhöhte Anregung der Trägerdrehordnung aufweist. Dies lässt sich durch das Hervorstehen eines einzelnen Planeten erklären, der synchron mit der Rotation des Trägers umläuft. Die Amplitude der langwelligen Anregung ist dabei bis zu zehnmal höher als jene der kurzwelligen Anregungen, vgl. Bild 8-10 und Bild 8-11.

In der Mitte von Bild 8-15 sind die langwelligen Anregungen im Drehfehler zwischen Sonne und Planetenwelle für die Trägerdrehordnung und die Überrollordnung der Planeten dargestellt. Der Einfluss der verschiedenen Achslageabweichungen ist gering. Hervorzuheben ist jedoch die Amplitude der Anregung, insbesondere in der Trägerdrehordnung. Die Außermittigkeit der Trajektorie der Sonnenwelle bewirkt mit jeder Trägerumdrehung eine rotatorische Ausgleichsbewegung der Sonne, die sich im Drehfehler zwischen Sonne und Planetenwelle in Form einer dominanten Anregung der ersten Trägerdrehordnung zeigt. Da eine vergleichbar hohe Anregung im Drehfehler zwischen Sonne und Träger nicht auftritt, deutet dies darauf hin, dass eine konstante Drehübertragung zwischen An- und Abtrieb durch die Aufteilung auf die drei Lastpfade ermöglicht wird. Die Messung der fertigungsbedingten Achslageabweichungen hat gezeigt, dass das Hohlrad relativ zu dem Planetenträger nach oben versetzt ist, vgl. Tabelle 8-2. Da das Hohlrad fixiert ist und der Planetenträger aufgrund der vorgespannten Pendelrollenlagerung keine radiale Ausgleichsbewegung durchführen kann, wird der translatorische Versatz des Hohlrads durch eine Rotation der Planeten ausgeglichen. Diese kinematisch bedingte Rotation in den Planet 2-Hohlrad Eingriffen führt zu einem Kräfteungleichgewicht in den Sonne-Planet 1 Eingriffen, das durch eine Verlagerung der Sonnenwelle ausgeglichen wird. Die Anregung der Überrollordnung der Planeten könnte in der Rundlaufabweichung der Planeten des Sonne-Planet 1 Eingriffs begründet sein.

Zum Abgleich der Anregungen in der Trägerdrehordnung ist in Bild 8-15 rechts oben die Auswertung des Beschleunigungssignals am Hohlradbock in Y-Richtung dargestellt. Die hohe Amplitude des Drehfehlers zwischen Sonne und Planetenwelle wird nicht auf den Hohlradbock übertragen, sodass die Anregung in der Trägerdrehordnung vergleichsweise gering ist. Im Gegensatz dazu wird die sechste Sonnendrehordnung mit einer bis zu zehnfach höheren Amplitude angeregt, siehe Bild 8-15 rechts unten.

8.4 Variation von Achslageabweichungen des Planetenträgers

Axis Misalignment of the Planet Carrier

Die fertigungsbedingten Achslageabweichungen des Hohlrades zeigen eine signifikante Auswirkung auf das Verlagerungs- und Anregungsverhalten des Systems. Von besonderer Bedeutung ist dabei die koaxiale Ausrichtung der Zentralelemente – Sonne, Planetenträger und Hohlrad. Ein Versatz des Hohlrades in positive y-Richtung entspricht einem effektiven Versatz des Planetenträgers in negative y-Richtung. Aufgrund der langen Ausführung der Sonnenwelle und der damit größeren Entfernung zur zugehörigen Lagerstelle sowie der einstellbeweglichen Lagerung ist ein translatorischer Versatz des Sonnenwellenlagers weniger relevant.

Die Messzelle erlaubt die definierte Einstellung von Achslageabweichungen am Planetenträger. Die fertigungsbedingten Achslageabweichungen des Hohlrades können auf diese Weise jedoch nicht kompensiert werden, da die mit den Exzenterbuchsen erzeugbare Verlagerung des Planetenträgers entlang einer Kreisbahn in negative Z-Richtung erfolgt. Zur Untersuchung des Einflusses einer Achslageabweichung des Planetenträgers wurden vier Varianten untersucht, siehe **Tabelle 8-6**. Hierzu wurden die Exzenterbuchsen an den Lagerstellen des Planetenträgers in definierte Positionen gedreht, sodass entweder eine einseitige Verlagerung von An- bzw. Abtrieb oder eine kombinierte, gesamthafte Absenkung des Trägers in z- und z/y-Richtung eingestellt wurde.

Tabelle 8-6: Varianten zur Einstellung der Trägerposition
Variants for the Adjustment of the Planet Carrier Position

	Winkel Exzenterbuchse (e = 100 µm) Träger		Position Antrieb (x, y) / µm	Position Abtrieb (x, y) / µm
Variante	Antrieb	Abtrieb	Antrieb	Abtrieb
R - Referenz	0 °	0 °	0, 0	0, 0
T1 - Antrieb tiefer	180 °	0 °	0, -200	0, 0
T2 - Abtrieb tiefer	0 °	180 °	0, 0	0, -200
T3 - Träger tiefer	180 °	180 °	0, -200	0, -200
T4 - Träger seitlich	-90 °	-90 °	100, -100	100, -100

Bild 8-16 zeigt ausgewählte Ergebnisse der Untersuchungen zu Achslageabweichungen des Planetenträgers. Die linke Seite des Bildes zeigt die Trajektorien der Sonnenwelle für die unterschiedlichen Verlagerungsvarianten. Eine zusätzliche Achslageabweichung des Planetenträgers führt zu einer vergrößerten Entfernung des Rotationsmittelpunkts der Sonnenwelle vom Koordinatenursprung. Die Richtung der Verlagerung des Sonnenmittelpunkts stimmt jedoch nicht mit der Richtung der Planetenträgerverlagerung überein.

Bei Variante *T1*, mit abgesenkter antriebsseitiger Lagerstelle, ergibt sich die geringste Verschiebung der Sonnenwellentrajektorie. In Variante *T2*, bei Absenkung der abtriebsseitigen Lagerstelle, ist die horizontale Verlagerung ähnlich ausgeprägt, während die vertikale Abweichung deutlich größer ausfällt. Die größte Entfernung vom Koordinatenursprung entsteht bei Variante *T3*, in der eine symmetrische Absenkung des Planetenträgers vorgenommen wurde. Zusätzlich weist die Trajektorie in diesem Fall eine unregelmäßige Deformation auf, was auf eine Eingriffsstörung infolge einer hohen Achsabstandsänderung hinweist. In Variante *T4*, mit seitlich nach unten verlagertem Planetenträger, verschiebt sich die Trajektorie der Sonnenwelle in positive x-Richtung. Die Sonnenverlagerung folgt der Trägerverlagerung somit nur teilweise, wobei zwischen beiden Richtungen ein signifikanter Winkel erkennbar ist.

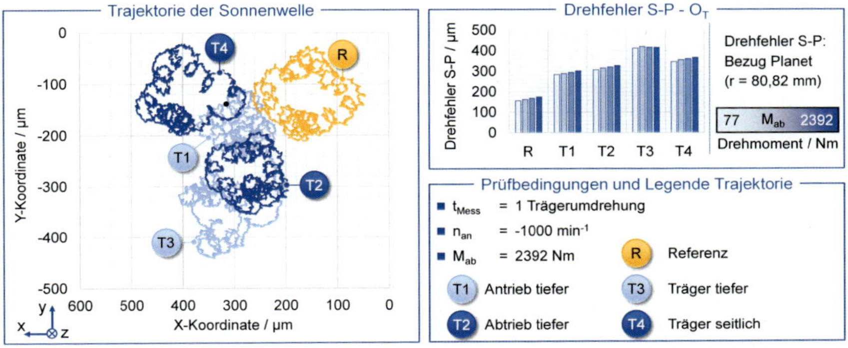

Bild 8-16: Achslageabweichung des Trägers
Axis Misalignment of the Planet Carrier

Im vorherigen Abschnitt wurde die hohe Anregung der Trägerdrehordnung im Drehfehler zwischen Sonne und Planetenwelle auf die Achslageabweichung des Hohlrades relativ zum Planetenträger zurückgeführt. Aufbauend auf dieser Grundlage wurde der Drehfehler zwischen Sonne und Planetenwelle für definierte Achslageabweichungen des Planetenträgers analysiert, siehe Bild 8-16 rechts oben. Die Auswertung zeigt einen deutlichen Einfluss der eingestellten Achslageabweichungen auf die Anregung. Die Amplitude der Trägerdrehordnungskomponente steigt mit zunehmendem Abstand zwischen Koordinatenursprung und Rotationsmittelpunkt der Sonnenwellentrajektorie. Im Vergleich dazu wirkt sich das aufgebrachte Drehmoment nur in untergeordneter Weise auf die Anregung aus.

8.5 Validierung der Zahnkontaktberechnung

Validation of the Tooth Contact Calculation

Die Untersuchungen des Anregungs- und Verlagerungsverhaltens ermöglichen eine Validierung der entwickelten Zahnkontaktberechnungsmethode, auf der die Auslegungsmethoden aufbauen. Mit dem in Kapitel 7.2.1 beschriebenen Mehrkörpersimulationsmodell wird zunächst der Einfluss der gemessenen Achslageabweichungen der Zentralelemente (vgl. Tabelle 8-2) schrittweise analysiert. Im Fokus stehen dabei die Trajektorie der Sonnenwelle sowie das Anregungsverhalten in Form des Drehfehlers.

In einem weiteren Schritt werden die mit den Exzenterbuchsen eingebrachten Achslageabweichungen im Simulationsmodell abgebildet. Die Validierung der Kontaktverhältnisse erfolgt anhand von Tragbildvergleichen. Das Verlagerungsverhalten wird über die Sonnenwellentrajektorie bewertet und den gemessenen Verläufen gegenübergestellt. Abschließend erfolgt eine Analyse des Einflusses der Achslageabweichungen auf das Anregungsverhalten in Bezug auf die spektrale Zusammensetzung und die Anregungsamplituden.

8.5.1 Analyse von Einflüssen auf das simulierte Verlagerungs- und Anregungsverhalten

Analysis of Influences on the Simulated Operational Behavior

Die gemessenen fertigungsbedingten Achslageabweichungen können in Prüfstandsuntersuchungen nicht ohne Weiteres variiert werden. Diesen methodischen Vorteil bietet die dynamische Mehrkörpersimulation. Zur quantitativen Bewertung der Einzeleffekte wurden die gemessenen Achslageabweichungen schrittweise in das Simulationsmodell eingebracht und die Simulationsergebnisse separat ausgewertet. Eine Übersicht der jeweils berücksichtigten Einflussgrößen ist in **Tabelle 8-7** dargestellt.

Tabelle 8-7: Variantenübersicht – Berücksichtigte Einflussgrößen
Variant Overview – Considered Influences

Modellierte Einflussgröße/Abweichung	Variante				
	S1	S2	S3	S4	S5
Gewichtskraft	✓	✓	✓	✓	✓
Abweichungen Planetenträger	X	✓	✓	✓	✓
Abweichungen Lagerböcke	X	X	✓	✓	✓
Rundlaufabw. Sonne-Planet 1 Eingriffe	X	X	X	✓	✓
Taumel Planetenträger	X	X	X	X	✓

Die Varianten sind konsekutiv aufgebaut. In allen Modellvarianten wurde die Gewichtskraft des Systems berücksichtigt. Bei Variante *S2* wurden zusätzlich die gemessenen Positionsabweichungen der Bohrungen in den Trägerwangen gemäß Tabelle 8-3 in das Modell eingebracht. In Variante *S3* wurden zusätzlich die Positionsabweichungen der Lagerstellen in den Lagerböcken berücksichtigt, vgl. Tabelle 8-2. Variante *S4* umfasst darüber hinaus die phasenkorrekten Rundlaufabweichungen der Sonne-Planet 1 Eingriffe, basierend auf den jeweils im Kontakt stehenden Zahnpaaren.

Während der experimentellen Untersuchungen wurde eine radiale, sinusförmige Auslenkung der Trägerwangentrajektorie an der abtriebsseitigen Trägerwange mit jeder Trägerrotation bereits im lastfreien Zustand gemessen. Da an der antriebsseitigen Trägerwange lediglich eine deutlich geringere Auslenkung beobachtet wurde, ist von einer Taumelabweichung des Planetenträgers auszugehen. Diese kann durch die Verschraubung der Abtriebswelle mit der abtriebsseitigen Trägerwange verursacht worden sein. Die Taumelabweichung resultiert aus einer einseitigen Rundlaufabweichung von $\Delta r = 20\mu m$ und wurde in Variante *S5* zusätzlich berücksichtigt, indem eine Positionsabweichung der Planetenbohrungen in der abtriebsseitigen Trägerwange modelliert wurde.

Die Simulationsergebnisse sind in **Bild 8-17** im Vergleich zur Variante R - Referenz der Prüfstandsuntersuchungen dargestellt. Die Trajektorie der Sonnenwelle in Variante *S1* weist ihren Mittelpunkt nahezu im Koordinatenursprung auf und zeigt nur eine geringe radiale Ausdehnung. Im Vergleich zu den Messdaten wird deutlich, dass zusätzliche Einflussgrößen berücksichtigt werden müssen. Die in Variante *S2* zusätzlich eingebrachten Positionsabweichungen der Bohrungen im Planetenträger führen zu einer Vergrößerung des Trajektorienradius sowie zu einer Veränderung der Trajektorienform. Die Anzahl der sich daraus ergebenden Schleifen beträgt $n_{Schleifen} \approx 4{,}4$ und stimmt somit mit der Überrollordnung der Planeten $O_{P,Ü} = 4{,}39$ überein. Durch die in Variante *S3* zusätzlich berücksichtigten Positionsabweichungen der Lagerböcke wird der Mittelpunkt der Sonnenwellentrajektorie signifikant verschoben und zeigt eine deutlich höhere Übereinstimmung mit den Messdaten. Die in Variante *S4* ergänzten Rundlaufabweichungen in den Sonne-Planet 1 Eingriffen führen zu zusätzlichen Kreisbewegungen, deren Anzahl mit der Sonnenüberrollordnung $O_{S,Ü} = 15{,}64$ übereinstimmt. Die in Variante *S5* ergänzte Taumelabweichung des Planetenträgers bewirkt eine weitere Vergrößerung des Trajektorienradius, wodurch die Übereinstimmung mit den Messdaten nochmals verbessert wird.

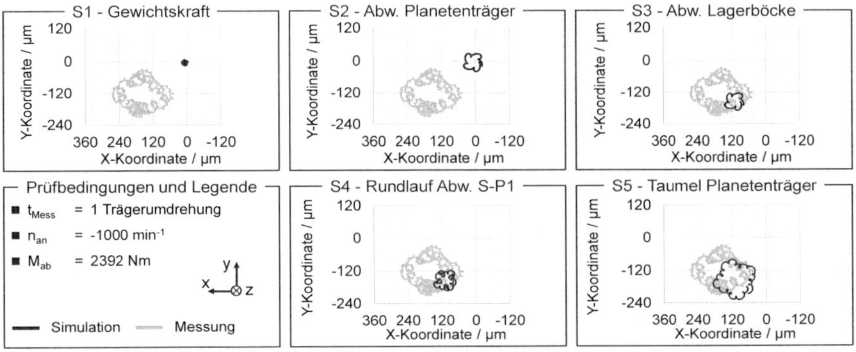

Bild 8-17: Einfluss der unterschiedlichen Modellvarianten auf die Sonnenwellentrajektorie
Influence of the Different Model Variants on the Sun Gear Trajectory

Der Mittelpunkt der Sonnenwellentrajektorie wird primär durch die Positionsabweichungen der Lagerstellen der Zentralelemente beeinflusst. Zwischen den Simulationsergebnissen der Variante *S5* und den Messdaten ist ein Versatz der Mittelpunkte erkennbar. Eine mögliche Ursache ist, dass sich die im Prüfstand vorliegenden Positionsabweichungen während des Montagevorgangs geringfügig verändert haben, wodurch eine abweichende Lagerposition resultierte. Die in Variante *S4* hinzugekommenen überlagerten Kreisbewegungen weisen einen kleineren Radius als in den Messdaten auf. Eine mögliche Ursache liegt in der fehlenden Berücksichtigung von Rundlaufabweichungen in den Planet 2-Hohlrad Eingriffen sowie von Wellen- und Lagerabweichungen. Die Übereinstimmung zwischen Mess- und Simulationsdaten ist insgesamt als sehr gut zu bewerten, insbesondere im Hinblick auf die Komplexität des modellierten Gesamtsystems.

Die Berücksichtigung der verschiedenen Abweichungen in den Varianten lassen einen Einfluss auf das simulierte Anregungsverhalten erwarten. Die Simulationsergebnisse der entsprechenden Modellvarianten sind in **Bild 8-18** dargestellt. In der oberen Reihe des Bildes befindet sich die Auswertung des Drehfehlers zwischen Sonne und Träger.

Sowohl im Bereich der Zahneingriffsordnung des Sonne-Planet 1 Eingriffs als auch im Bereich des Planet 2-Hohlrad Eingriffs zeigen sich deutliche Unterschiede zwischen den Varianten *S1* bis *S2* und *S3* bis *S5*. Mit der Berücksichtigung der Positionsabweichungen der Lagerböcke ändern sich sowohl die Amplituden der angeregten Ordnungen als auch die spektrale Zusammensetzung der Anregung. Die zusätzlichen Einflüsse aufgrund der Rundlaufabweichungen der Sonne-Planet 1 Eingriffe in Variante *S4* sowie des Taumels des Trägers in Variante *S5* sind von untergeordneter Bedeutung.

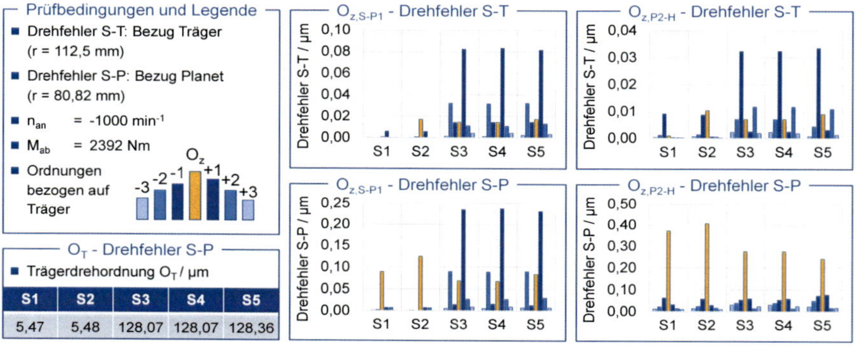

S1	S2	S3	S4	S5
5,47	5,48	128,07	128,07	128,36

Bild 8-18: Einfluss der unterschiedlichen Modellvarianten auf das Anregungsverhalten
Influence of the Different Model Variants on the Excitation Behavior

Die Auswertung des Drehfehlers zwischen Sonne und Planetenwelle ist im unteren Bereich von Bild 8-18 dargestellt. Die Berücksichtigung der Positionsabweichungen der Lagerböcke in Variante *S3* zeigt auch im Drehfehler zwischen Sonne und Planetenwelle einen deutlichen Einfluss. Im Bereich der Zahneingriffsordnung des Sonne-Planet 1 Eingriffs verändern sich sowohl die Amplituden als auch die spektrale Zusammensetzung der Anregung signifikant, wodurch zusätzliche Seitenordnungen auftreten. Gleichzeitig wird die Anregung der Zahneingriffsordnung des Planet 2-Hohlrad Eingriffs $O_{z,P2-H}$ abgeschwächt, während die Amplituden der modulierten Seitenbandordnungen leicht ansteigen. Die Trägerdrehordnung O_T im Drehfehler zwischen Sonne und Planetenwelle wird infolge der in Variante *S3* berücksichtigten Abweichungen um den Faktor 25 verstärkt, siehe Bild 8-18 links unten.

8.5.2 Validierung der Kontaktbedingungen mit Tragbildern

Validation of the Contact Conditions with Contact Patterns

Das Prüfprogramm umfasst die Aufnahme von Tragbildern vor Beginn der Untersuchungen. Die aufgenommenen und simulierten Tragbilder der unverlagerten Referenzvariante sind in **Bild 8-19** mittig dargestellt. Die Tragbilder wurden für vier Drehmomente bei einer Antriebsdrehzahl von n_{an} = 500 min^{-1} und nach einer Versuchsdauer von jeweils t = 5 min für jeden Planeten der ersten Stufe aufgenommen. Die Ergebnisse zeigen zunächst, dass sich das Tragbild mit steigendem Drehmoment vergrößert. Die Lage der Tragbilder an den Planeten bei 0 ° und bei 120 ° ist in der Referenzvariante nahezu identisch. Die Tragbilder des Planeten bei 240 ° sind dagegen geringfügig in negative z-Richtung (antriebsseitig) verschoben. Die simulierten Tragbilder weisen eine sehr hohe Übereinstimmung mit den aufgenommenen Tragbildern auf. Sowohl die Lage als auch die Größe und Form der Tragbilder stimmen überein. Zusätzlich ist die geringfügige Verschiebung des Tragbildes am Planeten bei 240 ° auch in den Simulationen zu erkennen.

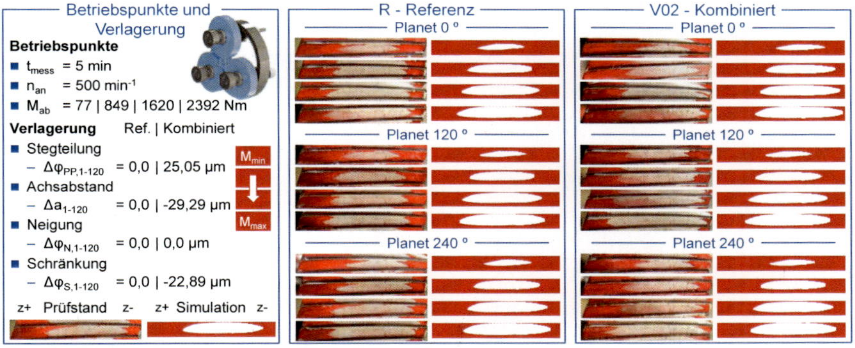

Bild 8-19: Tragbilder - Messung und Simulation

Contact Patterns - Measurement and Simulation

Für die Variante *V02 - Kombiniert* aus Tabelle 8-4 wurden die Verlagerungen in den Zahneingriff zwischen Sonne und Planet 1 umgerechnet. Die in Bild 8-19 links angegebenen Werte beziehen sich auf die Differenz des Stegteilung- bzw. Achsabstandfehlers zwischen dem Planeten bei 0 ° und dem Planeten bei 120 ° bzw. 240 °. Die Werte für Neigung und Schränkung beziehen sich auf die Verzahnungsbreite und wurden nicht in eine resultierende Flankenlinienwinkelabweichung umgerechnet. Die entsprechenden Tragbilder dieser Variante sind in Bild 8-19 rechts dargestellt. Am Planeten bei 0 ° zeigt sich eine deutliche Verschiebung des Tragbilds in Richtung des Antriebs. Dieser Effekt wird in der Simulation sehr gut abgebildet. Lage, Form und Größe der Tragbilder stimmen mit den Messergebnissen überein. Die aufgenommenen Tragbilder der beiden anderen Planeten sind gegenüber der Referenzvariante etwas verbreitert. Dieser Unterschied ist in den simulierten Tragbildern weniger stark ausgeprägt.

Die aufgenommenen Tragbilder ermöglichen eine Bewertung der Kontaktbedingungen in den Zahneingriffen. Sowohl die Einflüsse des Drehmoments als auch der Achslageabweichungen sind deutlich nachvollziehbar. Die hohe Übereinstimmung mit den Simulationsergebnissen bestätigt die Eignung des Modells zur Abbildung der Kontaktverhältnisse und validiert die zugrundeliegende Kontaktberechnung.

8.5.3 Validierung des Verlagerungsverhaltens

Validation of the Displacement Behavior

Das Verlagerungsverhalten der Sonnenwelle stellt eine zentrale Kenngröße für die Validierung des Simulationsmodells dar. Aufbauend auf dem in Kapitel 8.5.1 durchgeführten Vergleich der berücksichtigten fertigungsbedingten Achslageabweichungen wurden zusätzlich die durch die Exzenterbuchsen eingebrachten Achslageabweichungen der Planetenwellen in das Modell integriert. In **Bild 8-20** ist oben links die Referenzvariante als Ausgangspunkt dargestellt. Die in Kapitel 8.3.1 beschriebenen, gemessenen Trajektorien dienen dabei als Vergleichsgrundlage. Die Simulationsergebnisse zeigen, dass die Achslageabweichungen der Varianten *V01 - Achsabstand & Neigung* sowie *V02 - Kombiniert* nur einen geringen Einfluss auf die Trajektorie haben. Dies wird durch das Simulationsmodell in Übereinstimmung mit den Messergebnissen vorhergesagt.

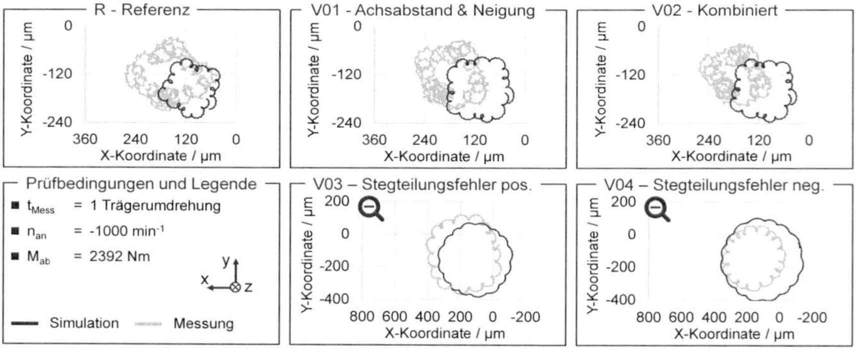

Bild 8-20: Trajektorie der Sonnenwelle - Messung und Simulation

Sun Gear Trajectory - Measurement and Simulation

Die Varianten *V03* und *V04* mit Stegteilungsfehler zeigen in der Messung eine deutliche Vergrößerung des Trajektorienradius. Diese Vergrößerung ist auch in den Simulationsergebnissen erkennbar, siehe Bild 8-20 unten. Die überlagerte Kreisbewegung der Sonnenwelle ist in den Simulationsergebnissen weniger stark ausgeprägt als in den Messergebnissen. Während der Radius der Trajektorie bei Variante *V03* sehr gut übereinstimmt, wird dieser bei Variante *V04* von der Simulation überschätzt. Der Versatz des Mittelpunkts der simulierten und gemessenen Trajektorien ist bei allen Varianten vergleichbar und könnte auf eine durch die Montage beeinflusste Positionsabweichung der Lagerböcke zurückzuführen sein. Insgesamt kann eine hohe Übereinstimmung der simulierten und gemessenen Sonnenwellentrajektorien nachgewiesen werden. Das simulierte Verlagerungsverhalten wurde somit erfolgreich validiert.

8.5.4 Validierung des Anregungsverhaltens

Validation of the Excitation Behavior

Das Anregungsverhalten wird anhand des Drehfehlers zwischen Sonne und Träger sowie zwischen Sonne und Planetenwelle validiert. Grundlage hierfür bilden die in Kapitel 8.3.2 detailliert beschriebenen Prüfstandsergebnisse. **Bild 8-21** zeigt den Vergleich der simulierten und gemessenen Anregungen im Drehfehler zwischen Sonne und Träger. Mittig in Bild 8-21 ist die Auswertung der Ordnungen im Bereich der Zahneingriffsordnung des Sonne-Planet 1 Eingriffs zu sehen. Die absolute Anregung ist insgesamt sehr niedrig und wird vom Simulationsmodell in gleicher Größenordnung vorhergesagt. Die spektrale Zusammensetzung weist Unterschiede zwischen Simulation und Messung auf, wobei einige Übereinstimmungen erkennbar sind. Eine Zunahme der Amplitude in der Hauptanregungsordnung zeigt sich insbesondere bei den Varianten *V03* und *V04* mit Stegteilungsfehler. Die Amplituden der ersten positiven und der ersten negativen Seitenbandordnung nähern sich bei Vorliegen eines Stegteilungsfehlers einander an. Die dominant angeregte erste Seitenbandordnung ist zwischen Simulation und Messung vertauscht. Die Amplitude der Hauptanregungsordnung wird in Relation zu den Seitenbandordnungen durch die Simulation überschätzt.

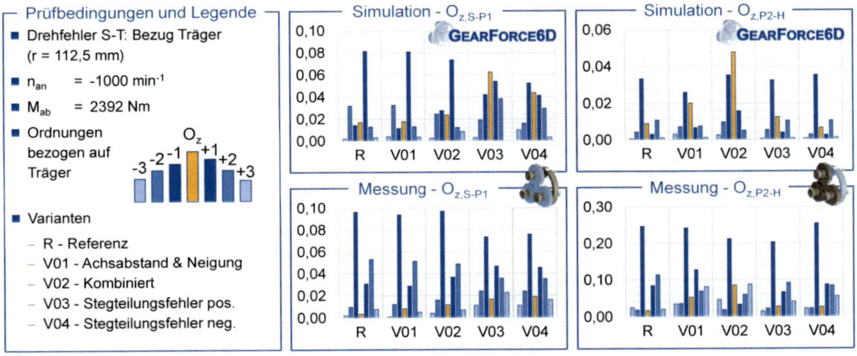

Bild 8-21: Drehfehlers zwischen Sonne und Träger - Messung und Simulation

Transmission Error Between Sun Gear and Carrier - Measurement and Simulation

Die Auswertung der Anregungen im Bereich der ersten Zahneingriffsordnung des Planet 2-Hohlrad Eingriffs ist in Bild 8-21 rechts dargestellt. Die gemessene Anregung in der ersten negativen Seitenbandordnung ist deutlich höher als von der Simulation vorhergesagt. Sowohl in der Messung als auch in der Simulation stellt diese jedoch die dominante Seitenbandordnung dar, sodass die spektrale Zusammensetzung vergleichbar ist. Im relativen Vergleich der Varianten wird die Anregung der Hauptordnung korrekt vorhergesagt.

Die Auswertung des Drehfehlers zwischen Sonne und Planetenwelle ist in **Bild 8-22** gezeigt. Die Anregungen im Bereich der ersten Zahneingriffsordnung des Sonne-Planet 1 Eingriffs werden auch in diesem Fall hinsichtlich der Größenordnung sehr gut abgebildet. Der Vergleich der Varianten mit Achslageabweichungen zeigt in Messung und Simulation übereinstimmende Tendenzen in der Hauptanregungsordnung.

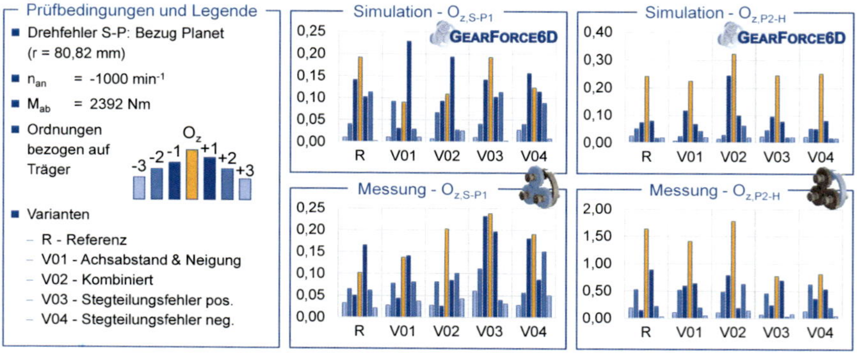

Bild 8-22: Drehfehlers zwischen Sonne und Planet - Messung und Simulation

Transmission Error Between Sun Gear and Planet - Measurement and Simulation

Die Anregungen im Bereich der ersten Zahneingriffsordnung des Planet 2-Hohlrad Eingriffs werden von der Simulation unterschätzt, siehe Bild 8-22 rechts. Sowohl in der Messung als auch in der Simulation stellt die Hauptanregungsordnung die dominante Komponente der spektralen Zusammensetzung dar. Die Abweichung in der Amplitude könnte auf das Wälzschälen als Fertigungsverfahren des Hohlrads zurückzuführen sein, da dessen Verzahnungsqualität ohne nachgeschaltete Hartfeinbearbeitung geringer ausfällt als bei den übrigen Verzahnungen. In den Simulationen wurden keine gemessenen Zahnflankentopographien berücksichtigt, was die Simulationsgüte künftig weiter verbessern könnte.

8.6 Fazit

Conclusion

Das vorgestellte Prüfstandskonzept wurde erfolgreich zur Untersuchung des Anregungs- und Verlagerungsverhaltens von Stufenplanetengetrieben eingesetzt. Die Ergebnisse zeigen, dass das Verlagerungsverhalten in Form der Sonnenwellentrajektorie signifikant von Achslageabweichungen der Planetenwellen sowie des Planetenträgers beeinflusst wird. Die Verlagerungen sind ebenfalls in den aufgenommenen Tragbildern der Sonne-Planet 1 Eingriffe zu erkennen. Der Einfluss von Stegteilungsfehlern erweist sich hierbei als besonders ausgeprägt. Das Anregungsverhalten wird trotz der hohen Beträge der resultierenden Positionsabweichungen der Bohrungen im Planetenträger nur geringfügig beeinflusst. Die spektrale Zusammensetzung der Anregung im Drehfehler zwischen Sonne und Planetenträger wird im Bereich der ersten Zahneingriffsordnung des Sonne-Planet 1 Eingriffs insbesondere von einem Stegteilungsfehler verändert.

Die in den Untersuchungen identifizierte Anregung der ersten Trägerdrehordnung im Drehfehler zwischen Sonne und Planetenträger konnte anhand einer Einflussanalyse im Simulationsmodell auf die fertigungsbedingten Achslageabweichungen der Lagerböcke zurückgeführt werden. Ein Abgleich der Tragbilder zwischen Simulation und Untersuchung zeigt eine sehr gute Übereinstimmung. In Kombination mit der Validierung der berechneten Sonnenwellentrajektorie unter Achslageabweichungen kann die *Forschungsfrage 1* mit dem vorliegenden Simulationsmodell abschließend erfolgreich beantwortet werden.

Die Validierung des Verlagerungsverhaltens anhand der Tragbilder und der Sonnenwellentrajektorie bestätigt die Eignung des Simulationsmodells zur Berücksichtigung der Einflüsse von Achslageabweichungen auf die Kontaktbedingungen in den Zahneingriffen. Da die korrekte Berücksichtigung der Kontaktbedingungen in Auslegungsmethoden für die Belastbarkeit der Optimierung essenziell ist, können die in Kapitel 7.2 erzielten Optimierungen der Tragfähigkeitskenngrößen mit hoher Wahrscheinlichkeit bestätigt werden. Die Untersuchungen des Anregungsverhaltens haben gezeigt, dass mit der ausgelegten Makrogeometrie und den topologischen Zahnflankenmodifikationen der Einfluss der Achslageabweichungen auf das Anregungsverhalten gering ist. Die *Forschungshypothese* wird somit auf Grundlage der erfolgreichen Beantwortung der drei Forschungsfragen verifiziert. Die entwickelte Methode ermöglicht infolge der Berücksichtigung der Achslageabweichungen in der Auslegung ein gegenüber Fertigungs- und Montageabweichungen robustes Einsatzverhalten von Stufenplanetengetrieben.

9 Zusammenfassung und Ausblick

Summary and Outlook

In der vorliegenden Arbeit wird eine Methode zur Auslegung der Makrogeometrie und topologischer Zahnflankenmodifikationen für Stufenplanetengetriebe entwickelt, welche Auswirkungen von Fertigungs- und Montageabweichungen auf das Einsatzverhalten berücksichtigt. Im ersten Schritt wird eine Berechnungsmethode konzipiert und entwickelt, die die Berechnung von Zahnkontakten in der quasistatischen Zahnkontaktanalyse (ZKA) sowie in der dynamischen Mehrkörpersimulation (MKS) ermöglicht. Die quasistatische Berechnung wird speziell für Stufenplanetengetriebe erweitert. Zur Integration der Berechnungsmethode in die MKS wird das Kraftelement WZL GEARFORCE6D für die MKS-Software DASSAULT SYSTÉMES SIMPACK entwickelt, mit dem Zahnkontakte von außen- und innenverzahnten Stirnrädern in beliebigen Getriebesystemen berechnet werden können. Die Berechnungsergebnisse werden mit bestehenden quasistatischen Zahnkontaktanalysen erfolgreich verifiziert.

Im zweiten Schritt wird eine Optimierungsmethode zur einsatzgerechten Auslegung der Makrogeometrie von Stufenplanetengetrieben entwickelt. Dabei werden Montagerestriktionen aufgrund der Kinematik bei der Identifikation geeigneter Zähnezahlkombinationen einbezogen. Die Geometrieberechnung umfasst die individuelle Verzahnungsgeometrie der Eingriffe sowie die möglichen Einbaupositionen der Stufenplaneten. Die Berechnung wird anschließend in eine Optimierung integriert, wobei zwei verschiedene Ansätze vorgeschlagen werden.

Im dritten Schritt erfolgt die Entwicklung einer Optimierungsmethode für topologische Zahnflankenmodifikationen für Stufenplanetengetriebe. In einem MKS-Modell werden Verlagerungen und Belastungen aufgrund von vorgegebenen Achslageabweichungen berechnet. Die anschließende Aggregation der Verlagerungs- und Belastungsdaten reduziert, in Kombination mit der quasistatischen Berechnung einzelner Zahnkontakte, die Berechnungsdauer signifikant. Dies ermöglicht die Variation von topologischen Zahnflankenmodifikationen zur Optimierung des Einsatzverhaltens. Die Definition der topologischen Modifikationen sieht eine konstante Profilgeometrie vor, wodurch eine Fertigung im produktiven Wälzschleifen sichergestellt ist. Mit dem beschriebenen Vorgehen ist eine Optimierung des Einsatzverhaltens von Stufenplanetengetrieben mit Fertigungs- bzw. Montageabweichungen durch die Berücksichtigung der dynamischen Verlagerungen und Belastungen bei der Auslegung der Zahnflankenmodifikationen möglich.

Die Optimierungsmethoden werden im vierten Schritt aufeinander aufbauend für Prüfstandsverzahnungen angewendet. Die Ergebnisse der Optimierung zeigen einen deutlichen Einfluss der Auslegung auf die Kenngrößen des Einsatzverhaltens. Durch eine gewichtete Bewertung der Kenngrößen lassen sich sowohl eine optimale Makrogeometrie als auch optimale Zahnflankenmodifikationen für die gegebenen Randbedingungen identifizieren. Die resultierenden Verzahnungsgeometrien werden gefertigt und in einem Prüfstand zur Validierung der Berechnungsmethoden eingesetzt. Die Prüfstandsuntersuchungen umfassen die Messung des Drehfehlers zwischen Sonne und Planetenwelle sowie zwischen Sonne und Planetenträger. Zusätzlich wird die Sonnenwellentrajektorie und die Oberflächenbeschleunigung an ausgewählten Punkten erfasst. Die Messdaten zeigen, dass das Einsatzverhalten der ausgelegten Verzahnungsgeometrien robust gegenüber dem Einfluss von Achslageabweichungen ist. Die erfolgreiche Validierung des Simulationsmodells auf Grundlage von Tragbildern, der Sonnenwellentrajektorie und des Drehfehlers belegt die Eignung der entwickelten Methoden zur Verzahnungsauslegung von Stufenplanetengetrieben unter Berücksichtigung von Fertigungs- und Montageabweichungen. Die Arbeit leistet somit einen Beitrag zur Reduzierung der Entwicklungszeit und -kosten von Stufenplanetengetrieben, indem aufwendige Prototypen teilweise eingespart werden können.

Die Untersuchungen der vorliegenden Arbeit wurden bei, im Vergleich zu Fahrzeuggetrieben, niedrigen Drehzahlen durchgeführt. Zukünftig besteht aufgrund dieses Anwendungsgebiets weiterer Forschungsbedarf hinsichtlich des Einflusses hoher Drehzahlen auf das Einsatzverhalten von Stufenplanetengetrieben. Von besonderem Interesse ist dabei der Einfluss der Drehzahl auf die in den vorliegenden Untersuchungen identifizierten, ausgeprägten Trajektorien der Sonnenwelle. Zudem sollte in weiteren Arbeiten untersucht werden, inwieweit eine Einstellbeweglichkeit des Planetenträgers die kinematischen Zwangsbedingungen im Planet 2-Hohlrad Eingriff reduzieren kann.

Hinsichtlich der Weiterentwicklung der Berechnungsmethode sollten zusätzliche Effekte, wie die Ovalisierung der Zahnräder oder die Berücksichtigung von Radkörpereigenmoden, integriert werden, um deren Einfluss auf das Anregungsverhalten bewerten zu können. Eine Berechnung des Einsatzverhaltens unter Vorgabe der gemessenen Zahnflankentopographien aller Zähne könnte die Güte der Simulationsergebnisse weiter steigern. Einerseits könnten so direkt Rundlauf-, Taumelabweichungen oder Exzentrizitäten der Verzahnungen in den Zahnkontakten berücksichtigt werden und die nachträgliche Modellierung in der MKS wäre nicht erforderlich. Andererseits würde das kurzwellige Anregungsverhalten aufgrund der Berücksichtigung von Fertigungsabweichungen der Zahnflankenmodifikationen detaillierter abgebildet werden.

Für die Vorauslegung von Getrieben ist die Auswahl der zur Auslegung zu berücksichtigenden Achslageabweichungen anhand von Verteilungsfunktionen der Ausprägungen innerhalb der Lagetoleranzen der Komponenten denkbar. Das Kraftmodul WZL GEARFORCE6D kann darüber hinaus in Gesamtsystemmodellen eingesetzt werden, sodass die Interaktion von mehreren Getriebestufen berücksichtigt wird. Entwicklungsbedarf besteht in diesem Kontext bei der Reduzierung der Simulationsdauer in der MKS aufgrund des hohen numerischen Aufwands der detaillierten Zahnkontaktberechnung. Zusätzlich sollten der notwendige Modellierungsumfang und die Detailtiefe der Modellierung der Komponenten des elastischen Getriebesystems hinsichtlich ihrer Beeinflussung der Berechnungsergebnisse untersucht werden.

Summary and Outlook

In the present work, a method is developed for the design of the macro geometry and topological tooth flank modifications of stepped planetary gears, explicitly considering the effects of manufacturing and assembly deviations on operational performance. In the first step, a calculation method is developed that enables the calculation of gear contacts in quasi static tooth contact analysis (TCA) as well as in dynamic multi-body simulation (MBS). The quasi-static calculation is specifically extended for stepped planetary gears. For integration of the calculation method into MBS, the force element WZL GEARFORCE6D is developed for the MBS software DASSAULT SYSTÉMES SIMPACK, enabling the calculation of gear contacts of external and internal gears in general gear systems. The calculation results are successfully verified with existing quasi-static gear contact analyses.

In the second step, an optimization method is developed for the application-oriented design of the macro geometry of stepped planetary gears. Assembly restrictions arising from kinematics are explicitly considered when identifying feasible tooth number combinations. The geometry calculation includes the individual gear geometry of the gear pairs as well as the possible installation positions of the stepped planets. The calculation is subsequently integrated into an optimization framework, for which two different approaches are proposed.

In the third step, an optimization method for topological tooth flank modifications of stepped planetary gears is developed. In an MBS model, displacements and loads resulting from predefined axis misalignments are calculated. The subsequent aggregation of displacement and load data, combined with quasi-static calculation of individual gear contacts, significantly reduces computation time. This approach enables the systematic variation of topological tooth flank modifications for optimizing the operational behavior. The definition of the tooth flank modifications prescribes a constant profile geometry, thereby ensuring manufacturability via productive generating grinding. With the described approach, the operational behavior of stepped planetary gears can be optimized under manufacturing and assembly deviations by explicitly considering dynamic displacements and loads in the design of tooth flank modifications.

In the fourth step, the optimization methods are applied to test rig gears. The results of the optimization show a pronounced influence of the design on the key values of the operational behavior. By applying a weighted evaluation of these values, both an optimal macro geometry and optimal tooth flank modifications for the given boundary conditions can be identified. The resulting gear geometries are manufactured and employed in a test rig for validation of the calculation methods. The test rig investigations include the measurement of transmission error between sun and planet shaft as well as between sun and planet carrier. Additionally, the sun gear trajectory and structure born noise at selected points are recorded. The measurement data show that the operational behavior of the designed gear geometries is robust with respect to the influence of axis misalignments. The successful validation of the simulation model, based on contact patterns, sun shaft trajectory, and transmission error, confirms the suitability of the developed methods for gear design of stepped planetary gears under manufacturing and assembly deviations. Thus, this work contributes to reducing the development time and costs of stepped planetary gears by partially eliminating the need for prototypes.

The investigations presented in this work were conducted at low rotational speeds compared to those of automotive transmissions. Due to this application domain, further research is required to investigate the influence of high rotational speeds on the operational behavior of stepped planetary gears. Of particular interest is the effect of rotational speed on the pronounced sun gear trajectories identified in the present study. Furthermore, future work should investigate the extent to which floating planet carrier can reduce the kinematic constraints in the planet 2-ring gear contact.

Regarding further development of the calculation method, additional effects such as gear ovalization or the consideration of eigen modes of the gear body should be integrated to evaluate their influence on excitation behavior. A calculation of operational behavior based on the measured flank topographies of all teeth could further enhance the accuracy of the simulation results. On the one hand, this would allow for the direct consideration of runout, wobble deviations, or eccentricities in the gear contact, eliminating the need for subsequent modeling in MBS. On the other hand, the short-wavelength excitation behavior resulting from manufacturing deviations of the tooth flank modifications could be represented in more detail.

For the preliminary design of gearboxes, the selection of axis misalignments to be considered during design could be based on distribution functions of the position tolerances of the components. The force element WZL GEARFORCE6D can also be used in complete transmission system models, enabling the consideration of interactions between multiple gear stages. In this context, there is a need for further development regarding the reduction of simulation time in MBS due to the high numerical effort of detailed gear contact calculation. In addition, the required scope and level of detail in modeling the components of the elastic gear system should be investigated with respect to their influence on the calculation results.

10 Literaturverzeichnis

References

[AHMA23] Ahmad, M.:
Anregungsgerechte Auslegung und Tolerierung schnelllaufender Getriebe unter Berücksichtigung kurz- und langwelliger Verzahnungsabweichungen.
Diss. RWTH Aachen University, 2023

[ARTO13] Artoni, A.; Guiggiani, M.; Kahraman, A.; Harianto, J.:
Robust Optimization of Cylindrical Gear Tooth Surface Modifications Within Ranges of Torque and Misalignments.
In: J. Mech. Des., 135. Jg., 2013, Nr. 12, S. 1–9

[ARTO19] Artoni, A.:
A methodology for simulation-based, multiobjective gear design optimization.
In: Mech. Mach. Theo., 133. Jg., 2019, S. 95–111

[BANS13] Bansemir, G.:
Konstruktionsleitsystem für den durchgängig rechnerbasierten Zahnradgetriebeentwurf.
Diss. TU München, 2013

[BAUM13] Baumann, F.:
Theoretische Untersuchungen zur Lastaufteilung und Lastverteilung in Planetengetrieben.
Diss. TU Dresden, 2013

[BAXM07] Baxmann, M.:
Entwicklung einer Methode zur funktionsorientierten Auslegung und Tolerierung von Kegelradverzahnungen.
Diss. RWTH Aachen University, 2007

[BOGU12] Boguski, B.; Kahraman, A.; Nishino, T.:
A New Method to Measure Planet Load Sharing and Sun Gear Radial Orbit of Planetary Gear Sets.
In: IOP Conf. Ser.: Mater. Sci. Eng., 134. Jg., 2012, Nr. 7, S. 1151

[BONG90] Bong, H.-B.:
Erweiterte Verfahren zur Berechnung von Stirnradgetrieben auf der Basis numerischer Simulation und der Methode Finiter Elemente.
Diss. RWTH Aachen University, 1990

[BOSC65] Bosch, M.:
Über das dynamische Verhalten von Stirnradgetrieben unter besonderer Berücksichtigung der Verzahnungsgenauigkeit.
Diss. RWTH Aachen University, 1965

[BREC17] Brecher, C.; Löpenhaus, C.; Theling, J.; Schroers, M.; Piel, D.:
FE-Based Method for Design of Robust Tooth Flank Modifications for Cylindrical and Planetary Gear Stages Regarding Manufacturing Tolerances.
In: Proceedings of Fall Technical Meeting. Alexandria, 22.-24. Oktober 2017, 2017, S. 1–17

[BRIM19] Brimmers, J.; Willecke, M.; Brecher, C.; Löpenhaus, C.:
Investigation of the potential of using surrogate models in the gear design process.
International Conference on Gears 2019, 2019, S. 727–739

[BRIM20] Brimmers, J.:
Funktionsorientierte Auslegung topologischer Zahnflankenmodifikationen für Beveloidverzahnungen.
Diss. RWTH Aachen University, 2020

[BRUY13] Bruyère, J.; Velex, P.:
Derivation of Optimum Profile Modifications in Narrow-Faced Spur and Helical Gears Using a Perturbation Method.
In: IOP Conf. Ser.: Mater. Sci. Eng., 135. Jg., 2013, Nr. 7

[BRUY15] Bruyère, J.; Gu, X.; Velex, P.:
On the analytical definition of profile modifications minimising transmission error variations in narrow-faced spur helical gears.
In: Mech. Mach. Theory, 92. Jg., 2015, S. 257–272

[CAO02] Cao, J.:
Anforderungs- und fertigungsgerechte Auslegung von Stirnradverzahnungen durch Zahnkontaktanalyse mit Hilfe der FEM.
Diss. RWTH Aachen University, 2002

[CARL14] Carl, C.:
Gehörbezogene Analyse und Synthese der vibroakustischen Geräuschanregung von Verzahnungen.
Diss. RWTH Aachen University, 2014

[CHAP16] Chapron, M.; Velex, P.; Bruyère, J.; Becquerelle, S.:
Optimization of Profile Modifications With Regard to Dynamic Tooth Loads in Single and Double-Helical Planetary Gears With Flexible

Ring-Gears.
In: IOP Conf. Ser.: Mater. Sci. Eng., 138. Jg., 2016, Nr. 2

[CHOI21a] Choi, C.; Ahn, H.; Park, Y.-J.; Lee, G.-H.; Kim, S.:
Influence of gear tooth addendum and dedendum on the helical gear optimization considering mass, efficiency, and transmission error.
In: Mech. Mach. Theo., 166. Jg., 2021

[CHOI21b] Choi, C.; Ahn, H.; Yu, J.; Han, J.-S.; Kim, S.; Park, Y.-J.:
Optimization of gear macro-geometry for reducing gear whine noise in agricultural tractor transmission.
In: Computers and Electronics in Agriculture, 188. Jg., 2021

[DIN64] Norm DIN 3992 (März 1964)
Profilverschiebung bei Stirnrädern mit Außenverzahnung.

[DIN78] Norm DIN 3967 (August 1978)
Flankenspiel Zahndickenabmaße Zahndickentoleranzen.

[DOLE03] Doleschel, A.:
Wirkungsgradberechnung von Zahnradgetrieben in Abhängigkeit vom Schmierstoff, 2003

[DUCH77] Duchon, J.:
Splines minimizing rotation-invariant semi-norms in Sobolev spaces.
In: Schempp, W. Johannes (Hrsg.): Constructive theory of functions of several variables. Berlin, Heidelberg: Springer, 1977, S. 85–100

[EBER14] Eberhard, P.; Ziegler, P.; Schurr, D.:
Rädertriebsimulation-Software II. Softwaretechnische Realisierung einer Programmumgebung zur Rädertriebsimulation.
Abschlussbericht zum FVA Forschungsvorhaben Nr. 481 III, Heft 1090, Forschungsvereinigung Antriebstechnik e.V., Frankfurt a.M., 2014

[EHRL67] Ehrlenspiel, K.:
Planetengetriebe - Lastausgleich und konstruktive Entwicklung.
In: VDI-Z, 105. Jg., 1967, Nr. 105, S. 57–67

[FING20] Fingerle, A.; Otto, M.; Stahl, K.:
Definition of a coefficient to evaluate a moving contact pattern in planetary gearboxes.
In: Forsch Ingenieurwes, 84. Jg., 2020, Nr. 3, S. 235–243

[FRÜH08] Früh, P.:
Dynamik von Zahnradgetrieben. Modellbildung, Simulation und experimentelle Analyse.
Diss. Universität Rostock, 2008

[GACK13] Gacka, A.:
Entwicklung einer Methode zur Abbildung der dynamischen Zahneingriffsverhältnisse von Stirn- und Kegelradsätzen.
Diss. RWTH Aachen University, 2013

[GAD22] Gad, A.:
Particle Swarm Optimization Algorithm and Its Applications: A Systematic Review.
In: Arch Computat Methods Eng, 29. Jg., 2022, Nr. 5, S. 2531–2561

[GARA17] Garambois, P.; Perret-Liaudet, J.; Rigaud, E.:
NVH robust optimization of gear macro and microgeometries using an efficient tooth contact model.
In: Mech. Mach. Theo., 117. Jg., 2017, S. 78–95

[GEIS02] Geiser, H.:
Grundlagen zur Beurteilung des Schwingungsverhaltens von Stirnrädern.
Diss. TU München, 2002

[GERA19] Gerardts, P.:
Geräuschoptimierung geschliffener Kegelräder.
Diss. RWTH Aachen, 2019

[GÖTZ22] Götz, J.; Siglmüller, F.; Fürst, M.; Otto, M.; Stahl, K.:
Experimental investigation of the dynamic load sharing of planetary gearboxes.
In: Forsch Ingenieurwes, 2022, Nr. 86, S. 295–302

[GRIG10] Griggel, T.:
Einfluss von Korrekturen und Fertigungsabweichungen auf die Schwingungsanregung von Stirnrädern.
Diss. TU München, 2010

[GU13] Gu, X.; Velex, P.:
On the dynamic simulation of eccentricity errors in planetary gears.
In: Mech. Mach. Theory, 61. Jg., 2013, S. 14–29

[GUIN04] Guingand, M.; Vaujany, J. de; Icard, Y.:
Fast Three-Dimensional Quasi-Static Analysis of Helical Gears Using

the Finite Prism Method.
In: IOP Conf. Ser.: Mater. Sci. Eng., 126. Jg., 2004, Nr. 6, S. 1082–1088

[HEID12] Heider, M.:
Schwingungsverhalten von Zahnradgetrieben. Beurteilung und Optimierung des Schwingungsverhaltens von Stirnrad und Planetengetrieben.
Diss. TU München, 2012

[HEIN18] Hein, M.:
Zur ganzheitlichen betriebsfesten Auslegung und Prüfung von Getriebezahnrädern.
Diss. TU München, 2018

[HELL15] Hellmann, M.:
Fertigungsabweichungen in der Auslegung von Zahnflankenmodifikationen für Stirnradverzahnungen.
Diss. RWTH Aachen University, 2015

[HEMM07] Hemmelmann, J.:
Simulation des lastfreien und belasteten Zahneingriffs zur Analyse der Drehübertragung von Zahnradgetrieben.
Diss. RWTH Aachen University, 2007

[HERT82] Hertz, H.:
Über die Berührung fester elastischer Körper.
In: J. reine angew. Math., 1882, Nr. 92, S. 156–171

[HOHL02] Hohle, A.:
Auswirkungen von Rauheit Oberflächenstruktur und Fertigungsabweichung auf das Lauf- und Geräuschverhaten hartfeinbearbeiteter hochüberdeckender Zylinderräder.
Diss. RWTH Aachen University, 2002

[HÖHN20] Höhn, B.-R.; Zhang, Y.; Geitner, M.; Otto, M.:
A Wolfrom transmission without carrier.
In: MATEC Web Conf., 317. Jg., 2020, S. 1001

[HU18] Hu, Y.; Talbot, D.; Kahraman, A.:
A Load Distribution Model for Planetary Gear Sets.
In: J. Mech. Des., 140. Jg., 2018, Nr. 5, S. 1-14

[ISO14] Norm DIN ISO 21771 (August 2014)
Zahnräder. Zylinderräder und Zylinderradpaare mit Evolventenverzahnung. Begriffe und Geometrie.

[ISO18] Norm DIN ISO 1328-1:2013 (März 2018)
Zylinderräder – ISO-Toleranzsystem Teil 1: Definitionen und zulässige Werte für Abweichungen an Zahnflanken.

[ISO19a] Norm ISO 6336-3 (November 2019)
Calculation of load capacity of spur and helical gears - Part 3: Calculation of tooth bending strength.

[ISO19b] Norm ISO 6336-2 (November 2019)
Calculation of load capacity of spur and helical gears - Part 2: Calculation of surface durability.

[ISO19c] Norm ISO 6336-1 (November 2019)
Calculation of load capacity of spur and helical gears - Part 1: Basic principles, introduction and general influence factors.

[ISO22] Norm ISO 10825-1 (Mai 2022)
Gears — Wear and damage to gear teeth.

[JARO07] Jaroš, M.:
Integration des STEP-Produktmodells in den Getriebeentwicklungsprozess.
Diss. TU München, 2007

[KIM20] Kim, S.; Moon, S.; Sohn, J.; Park, Y.-J.; Choi, C.; Lee, G.-H.:
Macro geometry optimization of a helical gear pair for mass, efficiency, and transmission error.
In: Mech. Mach. Theo., 144. Jg., 2020

[KLOC17] Klocke, F.; Brecher, C.:
Zahnrad- und Getriebetechnik. Auslegung - Herstellung - Untersuchung - Simulation.
1. Aufl. München: Carl Hanser, 2017

[KOHN19] Kohn, B.:
Topologische Flankenkorrektur zur Anregungsoptimierung von Stirnradgetrieben.
Diss. TU München, 2019

[LACH83] Lachenmaier, S.:
Auslegung von evolventischen Sonderverzahnungen für schwingungs- und geräuscharmen Lauf von Getrieben. Stand der Technik, Einflußgrößen, Auslegungskriterien.
Diss. RWTH Aachen University, 1983

[LAGR19] Lagresle, C.; Guingand, M.; Vaujany, J.-P. de; Fulleringer, B.:
Optimization of tooth modifications for spur and helical gears using an adaptive multi-objective swarm algorithm.
In: Proceedings of the Institution of Mechanical Engineers, Part C: Journal of Mechanical Engineering Science, 233. Jg., 2019, Nr. 21-22, S. 7292–7308

[LINK22] Linke, H.; Börner, J.:
Stirnradverzahnung. Berechnung - Werkstoffe - Fertigung.
3. Aufl. München: Hanser, 2022

[LÖPE15] Löpenhaus, C.:
Untersuchung und Berechnung der Wälzfestigkeit im Scheiben- und Zahnflankenkontakt.
Diss. RWTH Aachen University, 2015

[MATZ18] Matzke, D.; Schelenz, R.; Reisch, S.; Roscher, B.; Jacobs, G.; Theling, J.; Schroers, M.; Löpenhaus, C.; Brecher, C.:
Validation of the gearbox load calculation of a wind turbine MBS model.
In: J. Phys.: Conf. Ser., 1037. Jg., 2018, Nr. 6, S. 62025

[MOHA09] Mohamad, E.; Komori, M.; Murakami, H.; Kubo, A.; Fang, S.:
Analysis of General Characteristics of Transmission Error of Gears With Convex Modification of Tooth Flank Form Considering Elastic Deformation Under Load.
In: IOP Conf. Ser.: Mater. Sci. Eng., 131. Jg., 2009, Nr. 6

[MÖLL82] Möllers, W.:
Parametererregte Schwingungen in einstufigen Zylinderradgetrieben. Einfluß von Verzahnungsabweichungen und Verzahn ungssteifigkeitsspektren.
Diss. RWTH Aachen University, 1982

[MUEL91] Müller, R.:
Schwingungs- und Geräuschanregung bei Stirnradgetrieben.
Diss. TU München, 1991

[MUEL98] Müller, H.:
Die Umlaufgetriebe. Auslegung und vielseitige Anwendungen.
2. Aufl. Berlin: Springer, 1998

[NAMH24] Namhoff, C.; Brimmers, J.; Brecher, C.:
Untersuchung und Simulation des Temperatureinflusses auf das Anregungsverhalten von Kunststoffzahnrädern.
In: Forsch Ingenieurwes, 88. Jg., 2024, Nr. 1, S. 1–17

[NAUN07] Naunheimer, H.; Bertsche, B.; Lechner, G.; Ryborz, J.; Novak, W.:
Fahrzeuggetriebe. Grundlagen, Auswahl, Auslegung und Konstruktion.
2. Aufl. Berlin: Springer, 2007

[NEUB16] Neubauer, B.:
Lastverteilung und Anregungsverhalten in Planetengetriebesystemen.
Diss. TU München, 2016

[NEUP83] Neupert, B.:
Berechnung der Zahnkräfte Pressungen und Spannungen von Stirn- und Kegelradgetrieben.
Diss. RWTH Aachen University, 1983

[NIEM03] Niemann, G.; Winter, H.:
Maschinenelemente. Band 2: Getriebe allgemein, Zahnradgetriebe - Grundlagen, Stirnradgetriebe.
Bd. Nr. 2, 2. Aufl. Berlin: Springer, 2003

[NORM87] Norm DIN 3990 Teil 1 (Dezember 1987)
Tragfähigkeitsberechnung von Stirnrädern. Einführung und allgemeine Einflußfaktoren.

[PAPI14] Papies, J.:
Methodik zur systematischen Analyse und Optimierung dynamischer Kraft- und Weganregungen in Planetengetrieben.
Diss. Ruhr-Universität Bochum, 2014

[PARL16] Parlow, J.:
Entwicklung einer Methode zum anforderungsgerechten Entwurf von Stirnradgetrieben.
Diss. TU München, 2016

[PIEL20] Piel, D.:
Methode zur Beschreibung und Optimierung des Anregungsverhaltens von Planetengetrieben.
Diss. RWTH Aachen, 2020

[PLAC88] Placzek, T.:
Lastverteilung und Flankenkorrektur in gerad- und schrägverzahnten Stirnradstufen.
Diss. TU München, 1988

[POLL20] Pollaschek, J.:
Fertigungsgerechte Zahnfußoptimierung von Stirnrädern.
Diss. RWTH Aachen University, 2020

[PORT19] Portron, S.; Velex, P.; Abousleiman, V.:
A hybrid model to study the effect of tooth lead modifications on the dynamic behavior of double helical planetary gears.
In: Proceedings of the Institution of Mechanical Engineers, Part C: Journal of Mechanical Engineering Science, 233. Jg., 2019, Nr. 21-22, S. 7224–7235

[RADE07] Radev, S.:
Einfluss von Flankenkorrekturen auf das Anregungsverhalten gerad- und schrägverzahnter Stirnradpaarungen.
Diss. TU München, 2007

[RILL23] Rill, G.; Schaeffer, T.; Borchsenius, F.:
Grundlagen und computergerechte Methodik der Mehrkörpersimulation.
5. Aufl. Wiesbaden, Heidelberg: Springer Vieweg, 2023

[ROTH22] Roth, L.; Brimmers, J.; Brecher, C.:
Analysis of the Impact of the Tolerance Chain on the Excitation Behavior in Series Gearboxes.
In: Tagungsband zum Dresdner Maschinenelemente Kolloquium DMK 2022. Dresden, 26.-27. April 2022. Göttingen: Sierke, 2022, S. 293–316

[RYAL21a] Ryali, L.; Verma, A.; Hong, I.; Talbot, D.; Zhu, F.:
Experimental and Theoretical Investigation of Quasi-Static System Level Behavior of Planetary Gear Sets.
In: IOP Conf. Ser.: Mater. Sci. Eng., 143. Jg., 2021, Nr. 10

[RYAL21b] Ryali, L.; Talbot, D.:
Dynamic load distribution of planetary gear sets subject to both internal and external excitations.
In: Forsch Ingenieurwes, 2021

[RYBO03] Ryborz, J.:
Klapper- und Rasselgeräuschverhalten von Pkw- und Nkw-Getrieben.
Diss. Universität Stuttgart, 2003

[SALJ87] Saljé, H.:
Optimierung des Laufverhaltens evolventischer Zylinderrad-Leistungsgetriebe. Einfluß der Verzahnungsgeometrie auf Geräuschemission und Tragfähigkeit.
Diss. RWTH Aachen University, 1987

[SCHÄ08] Schäfer, J.:
Erweiterung des Linienkontaktmodells für die Finite-Elemente-basierte Zahnkontaktanalyse von Stirnradverzahnungen.
Diss. RWTH Aachen University, 2008

[SCHL95] Schlenk, L.:
Untersuchungen zur Fresstragfähigkeit von Großzahnrädern.
Diss. TU München, 1995

[SCHM73] Schmidt, G.:
Berechnung der Wälzpressung schrägverzahnter Stirnräder unter Berücksichtigung der Lastverteilung.
Diss. TU München, 1973

[SCHR08] Schriefer, H.:
Kontinuierliches Wälzschleifen von Verzahnungen.
1. Aufl. Wallisellen: Reishauer, 2008

[SCHR23] Schroers, M.:
Gehörbezogene Auslegung zweistufiger Getriebe unter Berücksichtigung dynamischer Anregungseffekte; 1. Auflage.
Diss. RWTH Aachen University, 2023

[SCHU18] Schurr, D.:
Dynamische vollelastische Simulation von Planetengetrieben auf Basis von EMKS und nodalem Kontakt.
Diss. Universität Stuttgart, 2018

[SFAR11] Sfar, M.:
Bestimmung von Verzahnungskorrekturen und Lagerkräften in Planetengetrieben für Lastkollektive.
Diss. Ruhr-Universität Bochum, 2011

[SIEB17] Siebertz, K.; van Bebber, D.; Hochkirchen, T.:
Statistische Versuchsplanung. Design of Experiments (DoE).
2. Aufl. Berlin, Heidelberg: Springer Berlin Heidelberg, 2017

[TESC69] Tesch, F.:
Der fehlerhafte Zahneingriff und seine Auswirkungen auf die Geräuschabstrahlung.
Diss. RWTH Aachen University, 1969

[THEL18] Theling, J.; Brecher, C.; Löpenhaus, C.:
Einfluss von Planetenträgerabweichungen auf die lokale Lastverteilung in Planetengetrieben.
In: Proceedings of SMK 2018. Rapperswil, 27-28. November 2018. Dresden: TUDpress, 2018, S. 29–40

[THEL24] Theling, J.:
Auslegung von Planetengetrieben im elastischen Verzahnungsumfeld unter Berücksichtigung der Wechselwirkungen des Mehrfacheingriffes.
Diss. RWTH Aachen University, 2024

[THOM12] Thoma, F.:
Lastübertragung im verformten System Lager-Welle-Zahnrad.
Diss. TU München, 2012

[VELE16] Velex, P.; Chapron, M.; Fakhfakh, H.; Bruyère, J.; Becquerelle, S.:
On transmission errors and profile modifications minimising dynamic tooth loads in multi-mesh gears.
In: J. Sound Vib., 379. Jg., 2016, S. 28–52

[VRIE01] Vriesen, J.:
Berechnung der Verzahnungskorrekturen von Planetenradgetrieben unter Berücksichtigung der Steg- und Hohlradverformungen.
Diss. Ruhr-Universität Bochum, 2001

[VRIE14] Vriesen, J.; Lütfrenk, D.; Dünck-Kerst, K.:
Topological Gearing Modifications: Optimization of Complex Systems Capable of Oscillation.
In: Gear Technol., 31. Jg., 2014, Nr. 5, S. 64–67

[VRIE17] Vriesen, J.:
Topographical tooth modifications in planetary gears for reduction of the noise excitation without load capacity loss Optimization of complex systems capable of oscillation.
In: Proceedings of International Conference on Gears 2017. Garching, 13. - 15. September 2017. Düsseldorf: VDI, 2017, S. 185–196

[WAGN24] Wagner, W.:
Hypoidverzahnungen in der Mehrkörpersimulation.
Diss. TU Dresden, 2024

[WEBE55] Weber, C.; Banaschek, K.:
Formänderung und Profilrücknahme bei gerad- und schrägverzahnten Rädern.
2. Aufl. Braunschweig: Vieweg, 1955

[WILL23] Willecke, M.; Brimmers, J.; Brecher, C.:
Surrogate model based prediction of transmission error characteristics based on generalized topography deviations.
In: Forsch Ingenieurwes, 87. Jg., 2023, Nr. 1

[WIMM06] Wimmer, A.:
Lastverluste von Stirnradverzahnungen. Konstruktive Einflüsse, Wirkungsgradmaximierung, Tribologie.
Diss. TU München, 2006

[WISC25] Wischmann, S.; Mann, A.; Jacobs, G.; Brecher, C.; Hoepfner, G.; Westphal, C.:
Validation of models for calculating the NVH behavior of gearbox systems in an elastic multibody simulation.
In: Forsch Ingenieurwes, 89. Jg., 2025, Nr. 1

[WITT94] Wittke, W.:
Beanspruchungsgerechte und geräuschoptimierte Stirnradgetriebe Toleranzvorgaben und Flankenkorrekturen.
Diss. RWTH Aachen University, 1994

[YOUN22] Younes, E.; Changenet, C.; Bruyère, J.; Rigaud, E.; Perret-Liaudet, J.:
Multi-objective optimization of gear unit design to improve efficiency and transmission error.
In: Mech. Mach. Theo., 167. Jg., 2022

[ZIEN13] Zienkiewicz, O.; Zhu, J.; Taylor, R.:
The finite element method. Its basis and fundamentals.
7. Aufl. Oxford, UK: Butterworth-Heinemann, 2013

11 Anhang

Appendix

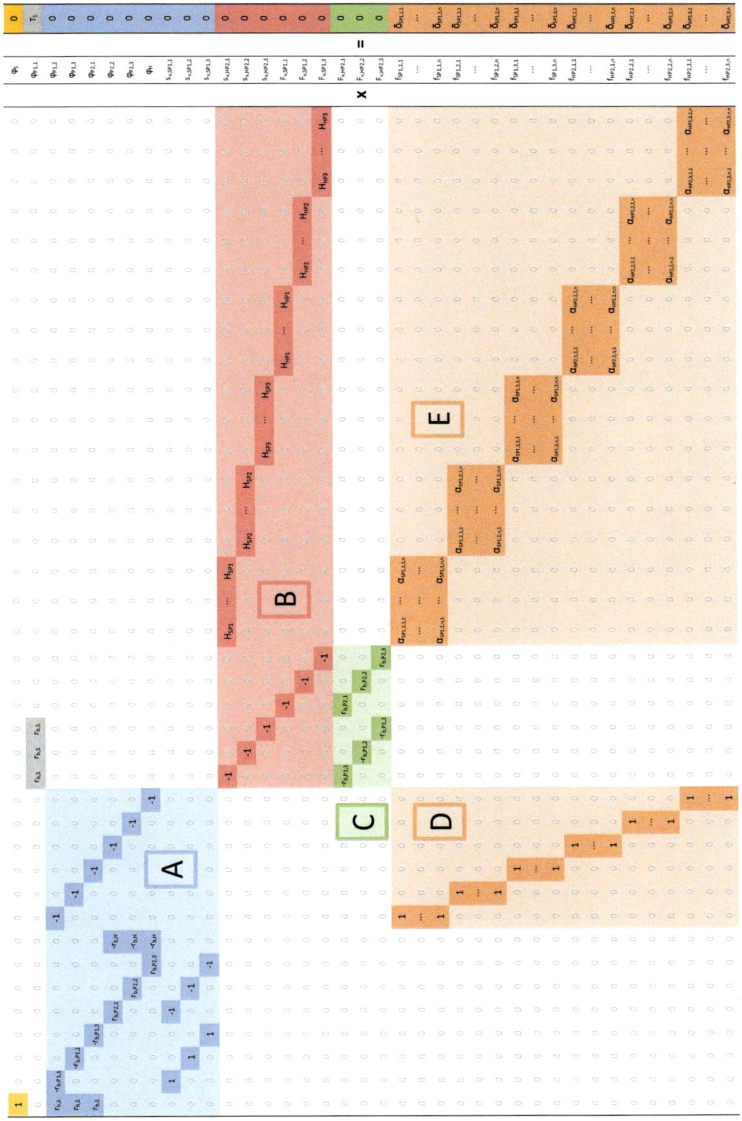

Bild 11-1: Mathematisches Federmodell für Stufenplanetengetriebe

Mathematical Spring Model for Stepped Planetary Gears

Tabelle 11-1: Geometrisch resultierende Verlagerungen in den Eingriffen
Geometrically Resulting Misalignments in the Gear Meshes

Variante	Planet 1 bei 0 ° relativ zu Planeten bei 120 ° und 240°				Planet 2 bei 0 ° relativ zu Planeten bei 120 ° und 240 °			
	Differenz Stegteilung / µm	Differenz Achsabstand / µm	Neigung / µm	Schränkung / µm	Differenz Stegteilung / µm	Differenz Achsabstand / µm	Neigung / µm	Schränkung / µm
R - Referenz	0	0	0	0	0	0	0	0
V01 - Achsabstand und Neigung	0	-95,8	22,9	0	0	-49,1	32,7	0
V02 - Kombiniert	25,1	-29,3	0	-22,9	-21,7	-29,3	0	-32,7
V03 - Stegteilungsfehler positiv	100	0	0	0	100	0	0	0
V04 - Stegteilungsfehler negativ	-100	0	0	0	-100	0	0	0

Stegteilung und Achsabstand sind auf die Verzahnungsmitte bezogen. Neigung und Schränkung beziehen sich auf die Zahnbreite. Eine positive Differenz der Stegteilung beschreibt eine Verdrehung des Planeten bei 0 ° in mathematisch positive Richtung um die z-Achse (Antrieb Richtung Abtrieb) relativ zu der Position der Planeten bei 120 ° und 240 °.

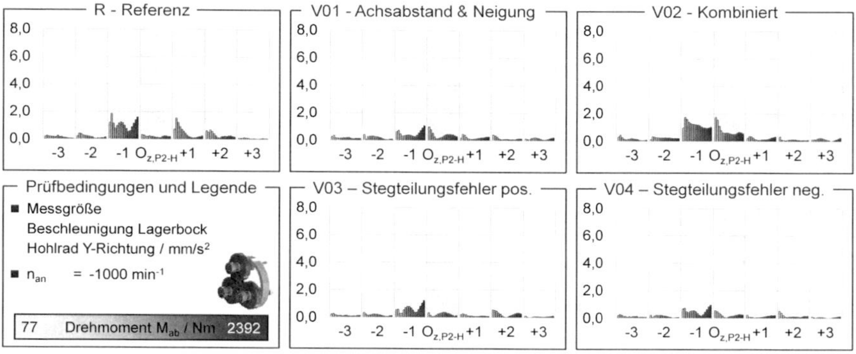

Bild 11-2: Beschleunigung Hohlradbock – Anregung Planet 2-Hohlrad Eingriff
Acceleration Ring Gear Block Y – Excitation Planet 2-Ring Gear Mesh

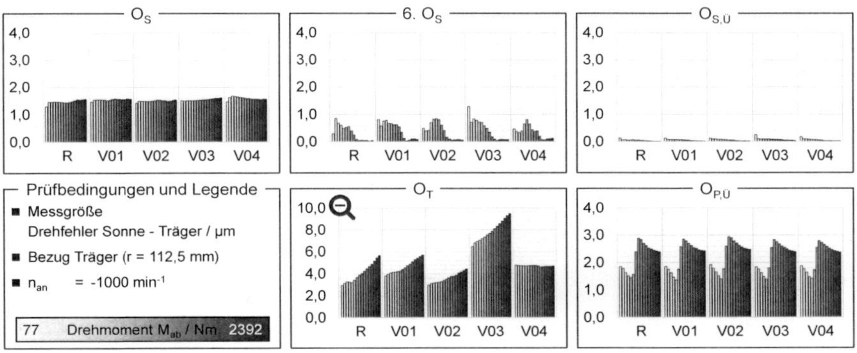

Bild 11-3: Drehfehler Sonne-Träger – langwellige Anregungen
Transmission Error Sun-Carrier – Longwave Excitations

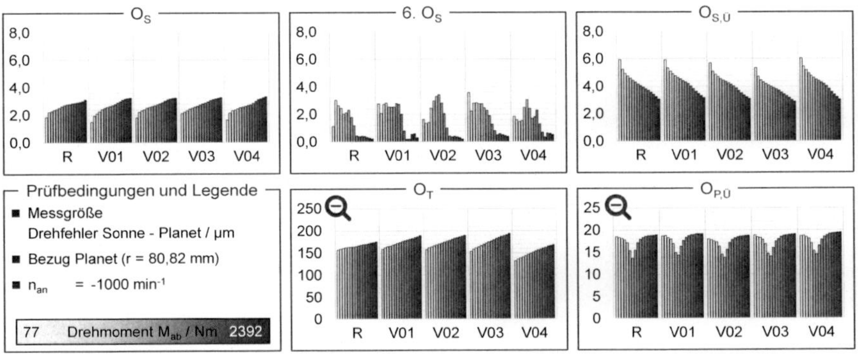

Bild 11-4: Drehfehler Sonne-Planet – langwellige Anregungen
Transmission Error Sun-Planet – Longwave Excitations

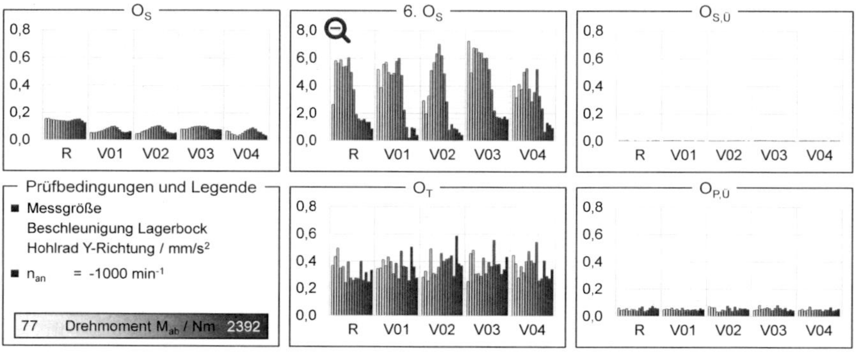

Bild 11-5: Beschleunigung Hohlradbock Y – langwellige Anregungen

Acceleration Ring Gear Block Y – Longwave Excitations

In der Reihe **Ergebnisse aus der Produktionstechnik** zuletzt erschienen:

Westphal, Christian:
Verzahnungsauslegung für Stufenplanetengetriebe
ISBN: 978-3-98555-330-3
Erscheinungsdatum: 11.02.2026

Buchholz, Philip:
Entwicklung und Evaluierung eines neuartigen Recyclingverfahrens für thermoplastische Tapes
ISBN: 978-3-98555-327-3
Erscheinungsdatum: 03.02.2026

Schäfer, Jan Marvin:
Digitale Auftragsnachverfolgung auf dem Shopfloor additiver Produktionssysteme
ISBN: 978-3-98555-332-7
Erscheinungsdatum: 03.02.2026

Kiesewetter-Marko, Caroline:
Verwendung von Zementbeton für dynamisch belastete Strukturbauteile von Werkzeugmaschinen
ISBN: 978-3-98555-322-8
Erscheinungsdatum: 27.01.2026

Bergs, Christian:
Untersuchung von Werkzeugschnittstellen für Fräsmaschinen unter Betriebsbedingungen
ISBN: 978-3-98555-320-4
Erscheinungsdatum: 13.01.2026

Dehn, Mathias:
Korrektur des thermo-elastischen Maschinenfehlers von Fräsmaschinen mithilfe von künstlichen neuronalen Netzen und maschineninternen Daten
ISBN: 978-3-98555-326-6
Erscheinungsdatum: 13.01.2026

Niwar, Lea:
Methodik zur Arbeitsvorbereitung mittels Maschinensteuerungs- und Sensordaten für extrusionsbasierte additive Verfahren
ISBN: 978-3-98555-315-0
Erscheinungsdatum: 13.01.2026

Wiesch, Marian:
Lernende Prozesskraftmodellierung zur Planung und Überwachung in der Einzelteilfertigung für Fräsanwendungen
ISBN: 978-3-98555-324-2
Erscheinungsdatum: 13.01.2026

Maetschke, Jan:
Wirtschaftliche Leistungssteigerung von Produktionslinien
ISBN: 978-3-98555-316-7
Erscheinungsdatum: 09.12.2025

Blanke, Philipp:
Temporäre Automatisierung von Werkzeugmaschinen
ISBN: 978-3-98555-314-3
Erscheinungsdatum: 24.11.2025

Edition Wissenschaft
Apprimus

Slawik, Viktor:

Datenbasierte Analyse vernetzter natürlich sprachlicher Anforderungen in der Produktentwicklung

ISBN: 978-3-98555-313-6

Erscheinungsdatum: 24.11.2025

Beckschulte, Sebastian:

Gestaltungsmodell zur Systematisierung der Fehlerdatenerfassung im manuellen Montageprozess

ISBN: 978-3-98555-311-2

Erscheinungsdatum: 17.11.2025

de Oliveira Löhrer, Patrícia:

Influence of Material Removal Mechanisms on Thermo-Mechanical Loads in Continuous Generating Gear Grinding

ISBN: 978-3-98555-309-9

Erscheinungsdatum: 17.11.2025

Zalfen, Moritz:

Einfluss der Dehnrate auf die Zahnfußtragfähigkeit schnelllaufender Zahnradgetriebe

ISBN: 978-3-98555-308-2

Erscheinungsdatum: 03.11.2025

Lossie, Karl:

Decision Model for Performance-Driven Prioritization of Operational Decisions on the Manufacturing Shop Floor

ISBN: 978-3-98555-305-1

Erscheinungsdatum: 29.09.2025

Schäfer, Niklas:

Regelbasierte Planungsautomatisierung für die Digitale Fabrik

ISBN: 978-3-98555-304-4

Erscheinungsdatum: 29.09.2025

Klee, Lukas:

Auslegung des Druckprozesses beim Binder Jetting zur Herstellung von Verzahnungen mit hoher Zahnfußtragfähigkeit

ISBN: 978-3-98555-299-3

Erscheinungsdatum: 02.09.2025

Trisjono, Julian Andreas:

Methodik zur Einführung datengetriebener Geschäftsmodelle im Werkzeugbau

ISBN: 978-3-98555-298-6

Erscheinungsdatum: 02.09.2025

Lee, Tae Hun:

Messung und Modellierung der thermo-elastischen Abweichungen von fünfachsigen Werkzeugmaschinen

ISBN: 978-3-98555-294-8

Erscheinungsdatum: 12.08.2025

Schollemann, Alexander:

Strategische Ausrichtung nachhaltiger Produktionsnetzwerke

ISBN: 978-3-98555-293-1

Erscheinungsdatum: 15.07.2025

Welschof, Lukas:

Ermüdungsfestigkeit drahtfunkenerodierter Nickelbasiswerkstoffe für Triebwerksanwendungen

ISBN: 978-3-98555-287-0

Erscheinungsdatum: 10.06.2025

Spindler, Sarah:

Multi-Source Energy Harvesting for Wireless IIoT Sensors

ISBN: 978-3-98555-285-6

Erscheinungsdatum: 02.06.2025

Edition Wissenschaft
Apprimus

FSC
www.fsc.org
MIX
Papier | Fördert gute Waldnutzung
FSC® C083411

Kolibri 360 GmbH
Ferdinand-Jühlke-Straße 7
99095 Erfurt, Deutschland
produktsicherheit@kolibri360.de